答え58ページ

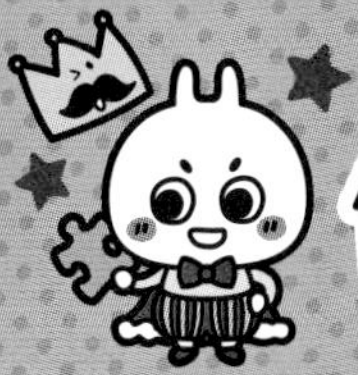

# 付録 論理パズル かん電池のつなぎ方

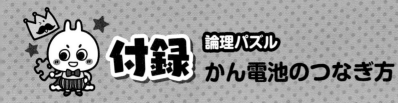

このページではプログラミング的思考を学習しましょう。
関連する9　10ページの問題を解いてから、取り組んでみ



**1** 下の図①～③のようにかん電池２個を、どう線でモーター
の(　)にあてはまる言葉を、下の[　]から選んで記号て
をあてはまる[　]にかこう。

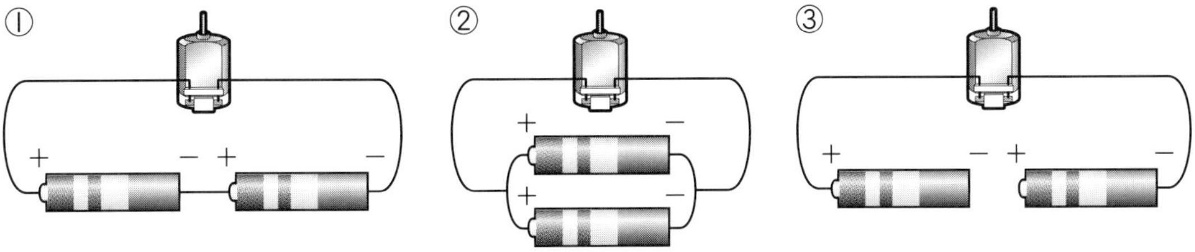
①
+
−
+
−
②
+
−
+
−
③
+
−
+
−

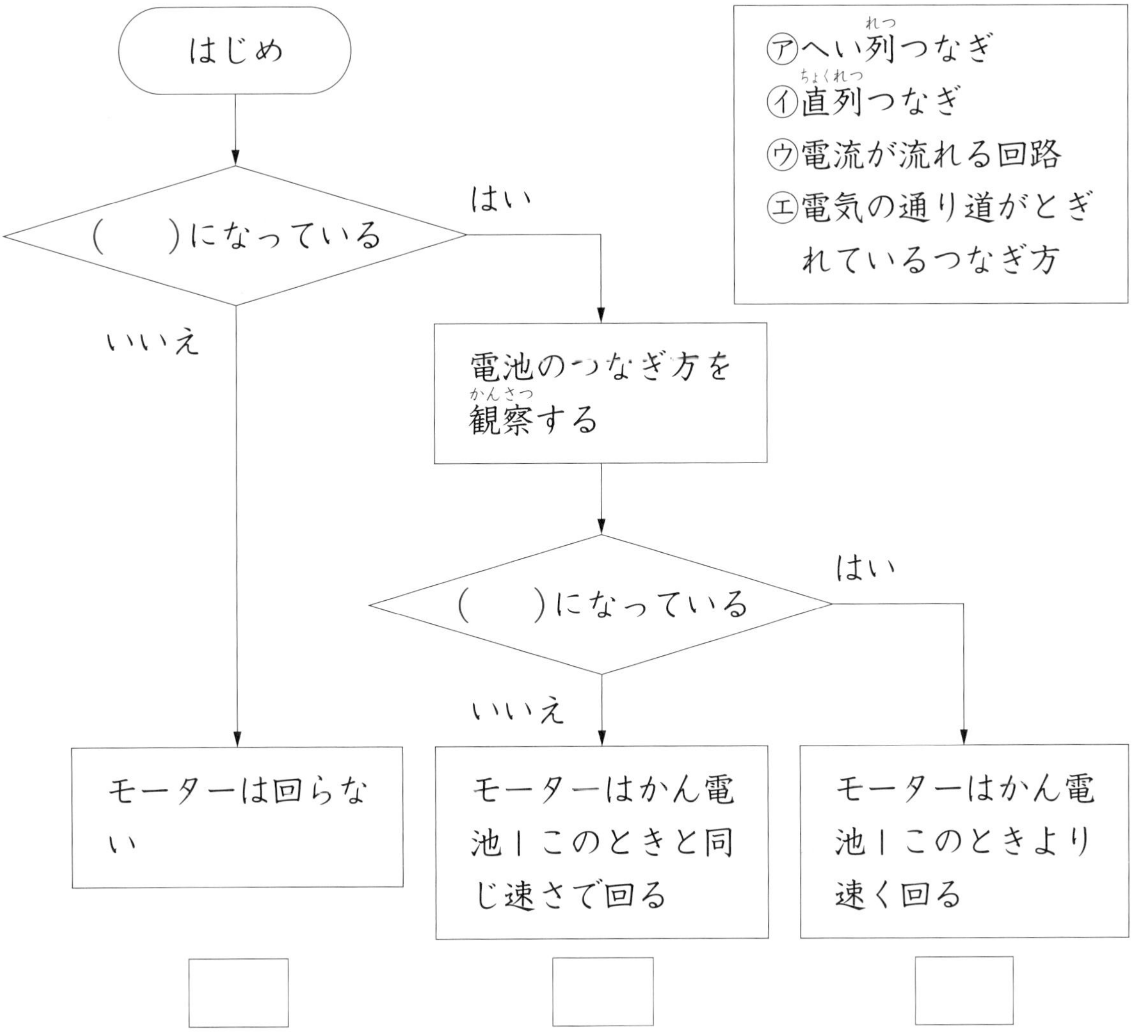
はじめ
(　　)になっている
はい
いいえ
電池のつなぎ方を観察する
(　　)になっている
はい
いいえ
モーターは回らない
モーターはかん電池１このときと同じ速さで回る
モーターはかん電池１このときより速く回る

㋐へい列つなぎ
㋑直列つなぎ
㋒電流が流れる回路
㋓電気の通り道がとぎれているつなぎ方

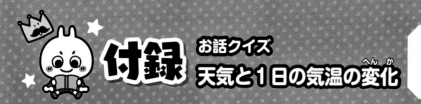

答え58ページ

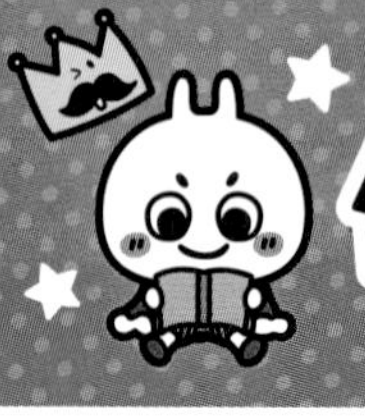

# 付録 お話クイズ 天気と1日の気温の変化

このページは理科のお話を読み、問題に答えるコーナーです。
やり終えたら、文章を読み取れているか答えを見てたしかめましょう。

**1** ドリル王子がかいた次の文章を読んで、問題に答えよう。

天気と１日の気温の変化について、調べてみたよ。

晴れの日と、くもりや雨の日に、昼間の気温を同じ場所で約１時間ごとにはかったよ。気温は、風通しのよい場所で、地面から1.2〜1.5mのところではかったよ。

結果は、右のグラフのようになったよ。グラフの㋐は晴れの日で、㋑はくもりや雨の日だよ。

天気によって、１日の気温の変化のしかたにちがいがあることが、わかったよ。また、晴れの日は気温の変化が大きく、くもりや雨の日は気温の変化が小さいことがわかったよ。

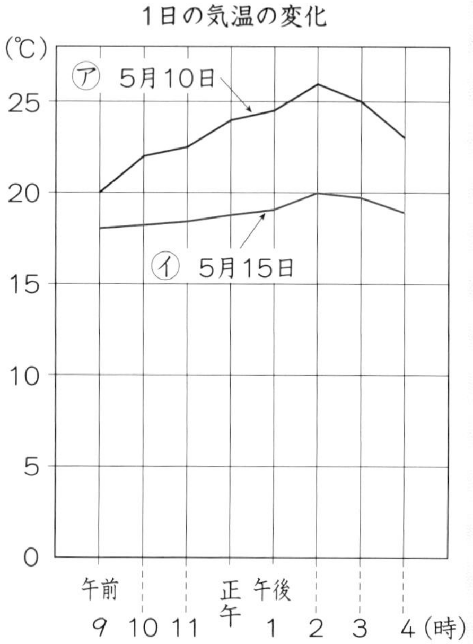


(1) ドリル王子は、気温を約何時間ごとにはかったかな。

(　　　　　　　　)

(2) ドリル王子は、気温をどんな場所ではかったかな。文章中から８文字でぬき出して答えよう。　(　　　　　　　　)

(3) １日の気温の変化のしかたは、晴れの日と、くもりや雨の日でそれぞれどうちがいますか。次の(　)にあてはまる言葉を答えよう。

晴れの日は、気温の変化が(　　　　　　　　)。

くもりや雨の日は、気温の変化が(　　　　　　　　)。

# 1 春の自然
## 自然の観察や記録のしかた

| 月 日 | 時間 **10**分 | 答え **59** ページ |

名前

/100 点

⭐1 1年間続けて、サクラを観察することにしました。次の問いに答えよう。 **実験**

40点（1つ10点）

「サクラ」足立美和

● 4月10日　晴れ　午前10時

　　　　　　① 　15℃

● 観察した　② 　校庭

● 　③ 　したことをかく。

(1) 左の観察カードのかき方の図の □ にあてはまる言葉をかこう。 **ヒント**

①

②

③

> 1年間の観察のしかた
> ・観察していく生き物を決める。
> ・どんなことを調べるか決める。
> ・観察する場所を決める。
> ・いっしょに記録することを決める。
> （天気、気温など）

(2) 気温のはかり方で、正しいものに○をつけよう。 **ヒント**

⭐2 温度計の使い方について、□にあてはまる言葉を答えよう。 30点（1つ15点）

(1) 自然の観察では、天気や□温を記録する。 (1) _____

(2) 目もりを読むには、温度計と□角になるように見る。 (2) _____

> ※なぞって覚えよう。

> { }の中の正しい言葉を選んで、○で囲もう。
> ※だいじなまとめにも点数があるよ。

30点（1つ15点、なぞりは点数なし）

**だいじなまとめ**

（ 気温 ）をはかるには { 体温計・温度計 } を使って、温度計に日光がちょくせつ { 当たらない・当たる } ようにしてはかる。

**ヒント** ⭐1 (1)「観察」、「場所」、「気温」から選んで答えましょう。(2)図の温度計と日光が当たっている位置をよく見ます。

**1** 下の図を見て、次の問いに答えよう。　　　　　　40点（1つ10点）

①　　　　　　②　

　（　　　　　　　　　　　）　（　　　　　　　　　　　　　　）

(1)　①、②の生き物の名前を図の（　）に、下の ☐ から選んで答えよう。 えら

| オオカマキリ　　　ナナホシテントウ　　　ツバメ　　　ヒヨドリ |

(2)　①、②の生き物は何をしているか（　）にあてはまる言葉をかこう。
　①　（　　　　　　　　　）を産みつけているところ。 う
　②　ひなに（　　　　　　　）をあたえているところ。

**2** ビニルポットにヘチマのたねをまきます。次の問いに答えよう。　　30点（1つ10点）

(1)　右の図の①、②の ☐ にあ
　てはまる言葉をかこう。

(2)　たねをまく深さ（図の③）は、
　いくらにすればよいかな。次の
　㋐〜㋒から選んで、記号で答えよう。
　　　　　　　　　　　　（　　）

㋐約1cm　㋑約10cm　㋒約15cm やく

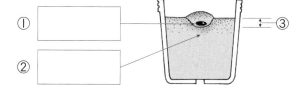
①
②
③

➜30点（1つ15点、なぞりは点数なし）

だいじな
まとめ
生き物のようすを｛ 観察・記録 ｝した結果を｛ 観察・記録 ｝ かんさつ きろく けっか
して、季節による変化を調べる。（ 春 ）には、植物が花を きせつ へんか
さかせたり、動物が活動を始めたりする。

**1** (2)①小さいつぶが何かを考えましょう。②巣の中のひなが口をあけています。 す くち
**2** (1)「たね」、「土」から選んで答えましょう。

# ③ まとめのテスト

**1** 下の図の㋐～㋓は、春に見られる生き物です。これを見て、次の問いに答えよう。

40点（1つ8点）

(1) ㋐～㋓の生き物を、下の ☐ から選んで、番号で答えよう。

㋐（　　）　　㋑（　　）　　㋒（　　）　　㋓（　　）

| ①ナナホシテントウ | ②オオカマキリ | ③おたまじゃくし |
|---|---|---|
| ④ヒヨドリ | ⑤ツバメ | ⑥クロオオアリ |

(2) ㋓の親鳥は、何をしているのかな。

（　　　　　　　　　　　　　　　　　　　）

**2** 下の図の①～③は、ヘチマ、ヒョウタン、ツルレイシのどれかの植物です。これを見て、次の問いに答えよう。

60点（1つ10点）

(1) ①～③の植物の名前をかこう。

①　[　　　　　]　　②　[　　　　　]　　③　[　　　　　]

(2) ①～③の植物のたねは、右の図の㋐～
㋒のそれぞれどれかな。記号で答えよう。

①（　　）　　②（　　）　　③（　　）

**1** 天気の決め方について、（ ）にあてはまる言葉を、下の 　　 から選んで答えよう。 20点（1つ10点）

(1) 雲があっても青空が見えているときを、（　　　　　　）という。

(2) 雲が広がって、青空がほとんど見えないときを、（　　　　　　）という。

| 晴れ　　くもり　　雨 |

**2** 下の図は、気温をはかるときのようすを表しています。次の文の（ ）にあてはまる言葉を、下の 　　 から選んで答えよう。 実験 50点（1つ10点）

(1) 空気の温度を（　　　　　　）という。

(2) 気温は、（　　　　　　）のよいところではかる。

(3) 地面から（　　　　　　）mの高さではかる。

(4) 温度計にちょくせつ（　　　　　　）が当たらないように、紙や板などで（　　　　　　）をつくる。

| 日光　　日かげ　　風通し　　気温　　0.2～0.5　　1.2～1.5 |

**3** 下の図のうち、温度計の使い方として正しいほうに○をつけよう。 実験 20点

日光 　　　　　　　日光

（　　　　）　　　　（　　　　）

↰10点（なぞりは点数なし）

だいじなまとめ

（ 気温 ）は、風通しのよい場所ではかる。温度計にちょくせつ日光が当たらないように、紙などで { 日かげ・日なた } をつくってはかる。

 **2** 気温は、風通しのよい日かげで、地面から1.2～1.5m の高さではかります。

**1** 晴れの日と、くもりや雨の日の、1日の気温の変化をグラフに表しました。次の問いに答えよう。

50点(1つ10点)

(1) 右のようなグラフを何というかな。
（　　　　　　　）グラフ

(2) くもりや雨の日のグラフは、㋐、㋑のどちらかな。記号で答えよう。
（　　　）

(3) 5月10日の午後3時の気温は何℃かな。（　　　　　）

(4) 5月15日の午前9時から午後4時までの間で、気温がいちばん低いのは何時かな。（　　　　　　）

(5) 1日の気温の変化が大きいのは、㋐、㋑のどちらかな。記号で答えよう。（　　　）

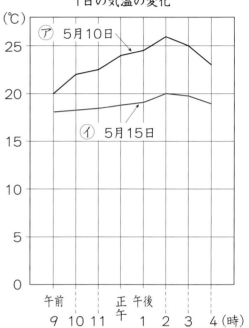

1日の気温の変化

**2** 1日の気温の変化の折れ線グラフについて、□にあてはまる言葉を答えよう。

30点(1つ10点)

(1) くもりや雨の日は、晴れの日にくらべて1日の気温の変化が□□い。

(2) グラフの横のじくに、□□□をとる。

(3) グラフのたてのじくに、□□をとる。

(1)
_____
(2)
_____
(3)

20点(1つ10点、なぞりは点数なし)

**だいじなまとめ**
晴れた日は、気温の変化が { 大きい・小さい } が、くもりや雨の日は、気温の変化が { 大きい・小さい }。1日の（ 気温の変化 ）は、天気によってちがいがある。

 **2** 「時こく」、「気温」、「小さ」から選んで答えましょう。

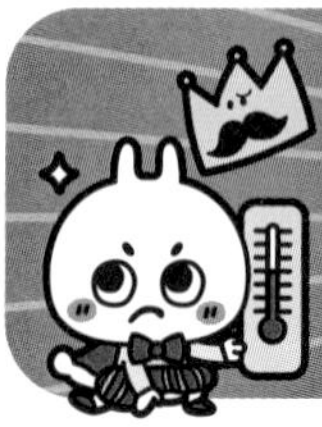

# 6 まとめのテスト

| 月　日 | 時間15分 | 答え60ページ |
| --- | --- | --- |
| 名前 | | /100点 |

**1** 気温のはかり方について説明している次の文で、（　）にあてはまる言葉を答えよう。

40点（1つ20点）

(1) 気温は、地面から1.2～1.5mの高さで、（　　　　　　）のよい日かげではかる。

(2) 温度計に、（　　　　　　）がちょくせつ当たらないようにしてはかる。

**2** 1日の気温の変化について、次の文の（　）にあてはまる言葉を、下の□から選んで答えよう。

60点（1つ10点）

(1) 1日の気温は、昼間は（　　　）く、夜は（　　　）くなる。

(2) 晴れ、くもりなど、（　　　　　　）によって、1日の気温の変化のしかたには、ちがいがある。

(3) 1日の気温の変化を折れ線グラフに表す。

① グラフの横じくに（　　　　　　）をとる。

② グラフのたてじくに（　　　　　　）をとる。

(4) （　　　　　　）はくもりの日よりも気温の変化が大きい。

| 天気 | 気温 | 時こく | 高 | 低 | 晴れの日 |
| --- | --- | --- | --- | --- | --- |

**はってん** 右の図を見て、（　）にあてはまる言葉を答えよう。

点数なし

(1) 太陽の高さは、（　　　　）ごろにいちばん高くなり、気温は、（　　　　　　）ごろにいちばん高くなっている。

(2) 気温は、夕方をすぎるとだんだん下がっていき、（　　　　）の少し後にいちばん低くなっている。

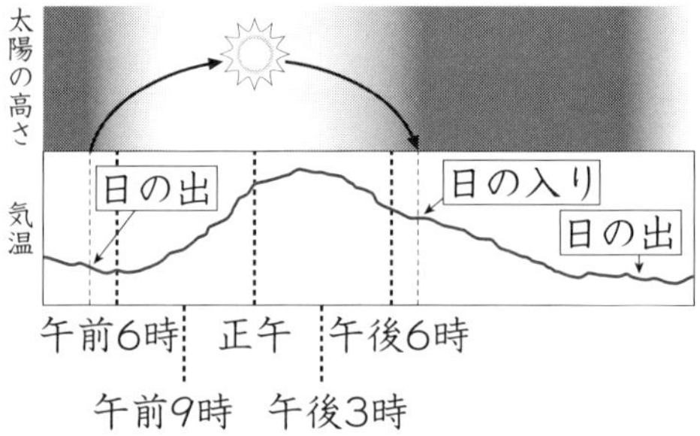

太陽の高さ
気温
日の出
日の入り
日の出
午前6時
正午
午後6時
午前9時
午後3時

# モーターの回る向き



## 1 下の図を見て、次の問いに答えよう。

50点（1つ10点）

①回路の写真　モーター

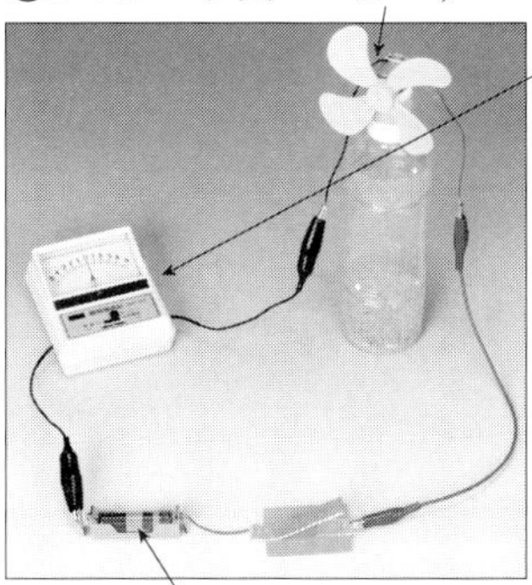

[ア] かんい

[イ]

[ア]の矢印は、
電流の大きさ
をはかるもの
を指している
よ。

②記号を使ってかいた回路図

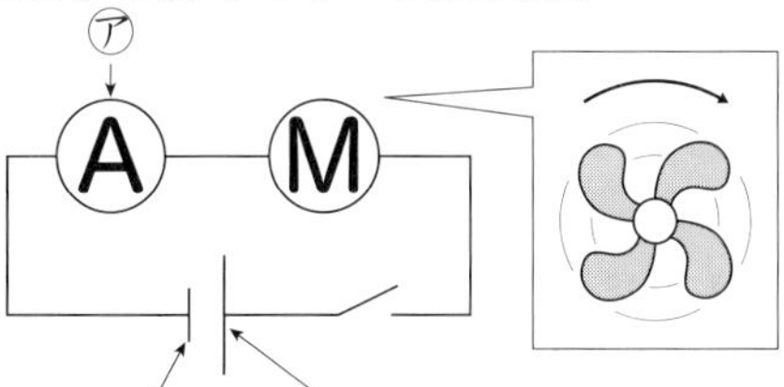
[ア]
A
M

[ウ]（　　）極　[エ]（　　）極

③かん電池のつなぐ向きを変えたもの

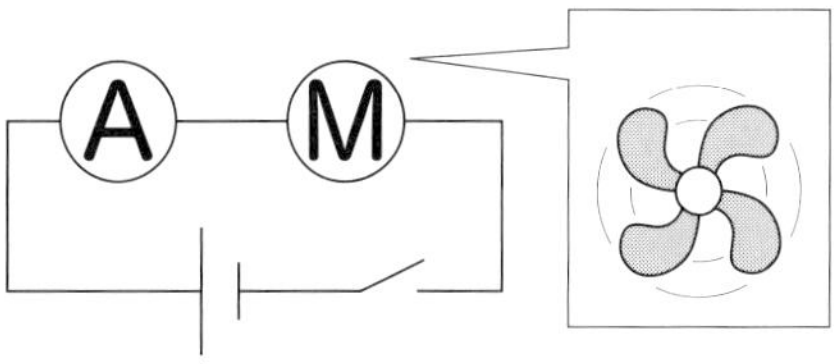
A
M

(1)　図①の[ア]、[イ]の □ にあてはまる言葉をかこう。

(2)　図②の[ウ]、[エ]の（　）にあてはまる記号をかこう。

(3)　図③は、図②のかん電池のつなぐ向きを変えたものです。モーターの回る向きを矢印で図にかきこもう。 ヒント

## 2 次の□にあてはまる言葉を答えよう。 ヒント

30点（1つ10点）

(1)　電気の流れる道すじを□□という。

(2)　かん電池のつなぐ向きを変えると、□□の向きが変わる。

(3)　かんい□□□□を使うと、電流の大きさや向きがわかる。

(1)

(2)

(3)

20点（1つ10点、なぞりは点数なし）

**だいじなまとめ**

かん電池のつなぐ向きを変えると、回路に流れる電流の向きが ｛ 変わり・変わらず ｝ モーターの回る向きが｛ 変わる・変わらない ｝。

ヒント

1 (3)かん電池のつなぐ向きが反対になると、モーターの回る向きも反対になります。

2 「けん流計」、「電流」、「回路」から選んで答えましょう。

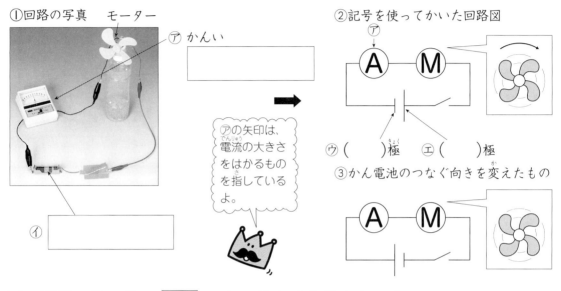

## 8　3　電気のはたらき
## 直列・へい列つなぎ

**1** 右の図を見て、次の文の（　）にあてはまる言葉を答えよう。　60点（1つ10点）

(1) 図①のように、かん電池の＋極と別のかん電
池の－極がつながるつなぎ方を、（　　　　　）
つなぎという。回路に流れる電流の大きさが、
かん電池1このときより（　　　　）くなり、
モーターが（　　　）く回る。

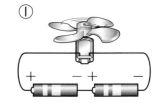

(2) 図②のように、かん電池の同じ極どうしがつ
ながっているつなぎ方を、（　　　　　）
つなぎという。回路に流れる電流の大きさが、
かん電池1このときと（　　　　）らず、モー
ターの回る速さもかん電池1このときと
（　　　　）らない。

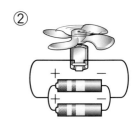

モーターのかわりに
豆電球も使ってみよう。

**2** 次の問いに答えよう。　20点（1つ10点）

(1) 豆電球をかん電池2こでつなぐとき、かん
電池1このときより明るくなるつなぎ方を何
つなぎというかな。

(1) _____

(2) _____

(2) 豆電球をかん電池2こでつなぐとき、かん電池1このときと明るさが
変わらないつなぎ方を何つなぎというかな。

20点（1つ10点）

だいじな
まとめ

かん電池1このときよりモーターを速く回すには、かん電池
2こを｛ 直列・へい列 ｝つなぎにする。｛ 直列・へい列 ｝つ
なぎでは、モーターがかん電池1このときと同じ速さで回る。

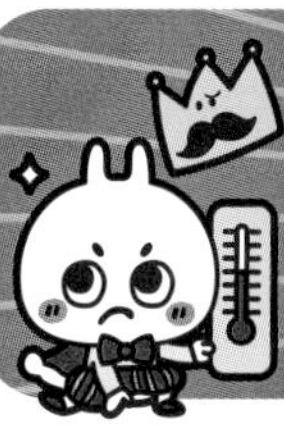

# 9 まとめのテスト1

**1** 下の図を見て、①～⑧の(　)にあてはまる言葉を答えよう。　80点(1つ10点)

| | | |
|---|---|---|
| かん電池のつなぎ方 | 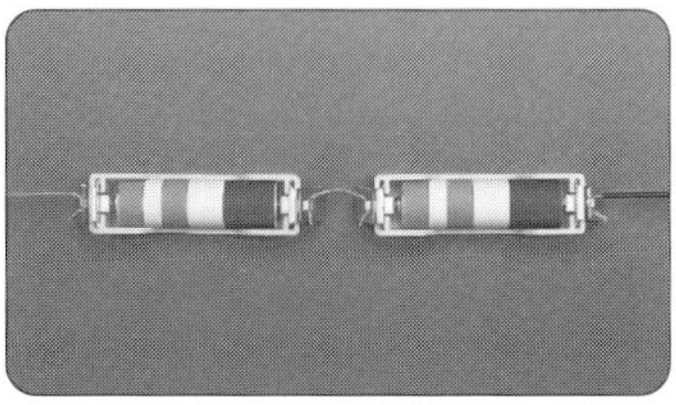 ①　(　　　　)つなぎ | 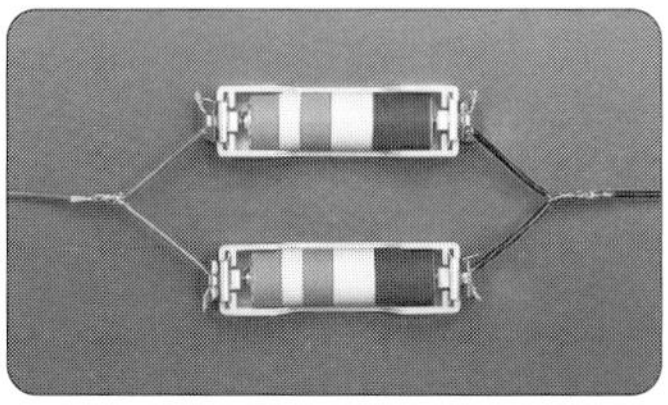 ②　(　　　　)つなぎ |
| モーターの回る速さ | ③　かん電池1このときとくらべると、(　　　　)い。 | ④　かん電池1このときとくらべると、(　　　　)い。 |
| 電流(でんりゅう)の大きさ | ⑤　かん電池1このときとくらべると、(　　　　)い。 | ⑥　かん電池1このときとくらべると、(　　　　)い。 |
| 豆電球の明るさ | ⑦　かん電池1このときとくらべると、(　　　　)い。 | ⑧　かん電池1このときとくらべると、(　　　　)い。 |

**2** 次の問いに答えよう。　20点(1つ10点)

(1)　かん電池、豆電球(またはモーター)、けん流計、どう線などをつないだ電流が流れる道すじを何というかな。　(　　　　)

(2)　かんいけん流計に、かん電池だけをつなぐと、どうなるかな。
(　　　　　　　　　　　　)

| 月　日 | 時間15分　答え61ページ |
| --- | --- |
| 名前 | /100点 |

# 10 まとめのテスト2

**1** 下の図を見て、次の問いに答えよう。　40点（1つ10点）

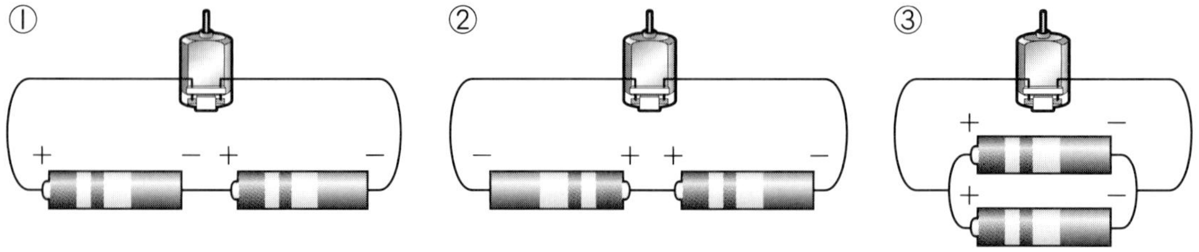


(1)　①～③で、モーターが回るものには○、回らないものには×をつけよう。　①（　　）　②（　　）　③（　　）

(2)　①～③で、モーターがいちばん速く回るのはどれかな。番号で答えよう。　（　　）

**2** かんいけん流計の使い方についてまとめました。次の文の（　）にあてはまる言葉を、下の□から選んで、記号で答えよう。[実験]　40点（1つ10点、(1)は順不同）

(1)　かんいけん流計を使うと、電流の（　　）や（　　）を調べることができる。

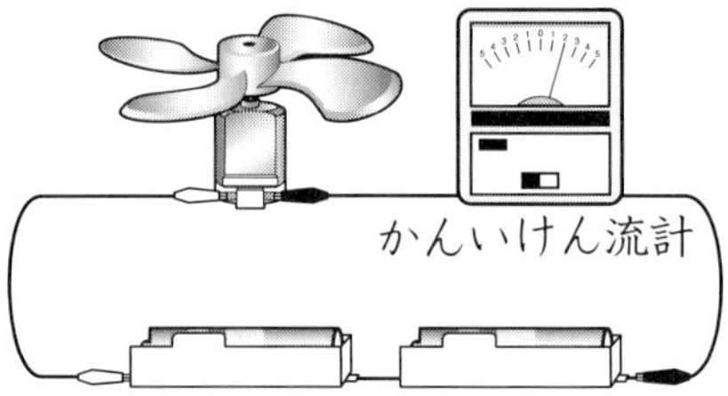


(2)　（　　）の大きさによって、スイッチを切りかえる。

(3)　かんいけん流計は、（　　）なところに置いて使う。

| ㋐水平 | ㋑向き | ㋒大きさ | ㋓長さ | ㋔電流 |
| --- | --- | --- | --- | --- |

**3** かん電池について、（　）にあてはまる言葉を答えよう。　20点（1つ10点）

(1)　かん電池の＋極と別のかん電池の－極が次々につながり、回路が1つの輪になっているつなぎ方を（　　　）つなぎという。

(2)　かん電池の＋極どうし、－極どうしがつながり、回路がとちゅうで分かれているつなぎ方を（　　　）つなぎという。

**1** 次の文で、夏のようすを表しているものには○、まちがっているものには×をつけよう。　　　　　　　　　　　40点（1つ10点）

(1)　オオカマキリのたまごが草についていた。　　　　　　(1)

(2)　アブラゼミの成虫が鳴いていた。　　　　　　　　　　(2)

(3)　ナナホシテントウの成虫が葉の上にいた。　　　　　　(3)

(4)　サクラの花はすべて散っていて、緑色の葉がたくさ　　(4)
　　んついていた。

**2** 夏の初めの、ヘチマの成長のようすを調べました。下の図を見て、次の問いに答えよう。　　　　　　　　　　　50点（1つ10点）

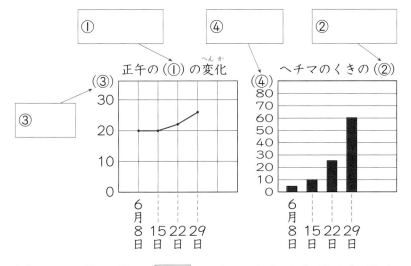

ヘチマなどの植物のようすは、これからどうなっていくのかな。

cm
℃
気温
のび

(1)　図の①〜④の □ にあてはまる言葉や記号を、右の □ から選んで答えよう。

(2)　夏になると、春にくらべてくきののびはどうなるかな。

（　　　　　　　　　　　　　　　　）

↰10点（なぞりは点数なし）

だいじなまとめ

多くの植物の夏のようすは春にくらべて、くきがよく
{ のび・ちぢみ }、葉がふえる。また、（ 動物 ）が活発に
活動する。

# 12 まとめのテスト

**1** 夏の生き物のようすについて、{ }にあてはまる言葉を選ぼう。　30点(1つ15点)

サクラは、花が { さいて・散って }、葉が { たくさん ・少し } ついている。

**2** 下のナナホシテントウの図を見て、次の問いに答えよう。

40点(1つ10点、(1)は全部できて10点)

(1) 右の図の①〜③を、育つ順に、番号でならべかえよう。

(　　　　→　　　　→　　　　)

(2) ①〜③のころをそれぞれ何というかな。①(　　　　　) ②(　　　　　) ③(　　　　　)

**3** 夏のヒョウタンのようすについて、次の問いに答えよう。　30点(1つ15点)

(1) 春とくらべて、葉の数はどうなったかな。正しいものに○をつけよう。

(　　)葉の数はへった。

(　　)葉の数はふえた。

(　　)葉の数は変わらない。

(2) 春とくらべて、くきののび方はどうなったかな。正しいものに○をつけよう。

(　　)のび方は小さくなった。

(　　)のび方は大きくなった。

(　　)のび方は変わらない。

⭐1　7月のある日の午後9時ごろ、夏の大三角を見つけました。これについて、次の問いに答えよう。
50点(1つ10点)

(1)　右の図の⑦〜⑨の星の名前を、下の　□　から選んで答えよう。

⑦（　　　　　　　）

⑦（　　　　　　　）

⑨（　　　　　　　）

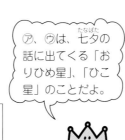

⑦、⑨は、七夕の話に出てくる「おりひめ星」、「ひこ星」のことだよ。

| アルタイル | ベガ |
| アンタレス | デネブ |

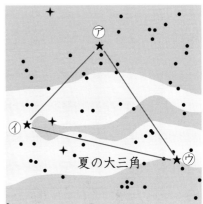

夏の大三角

(2)　夏の大三角は、どの方位の空に見えるかな。　（　　　　　　　　）

(3)　⑦〜⑨の星は、何等星かな。　　　　　　　　（　　　　　　　　）

⭐2　次の問いに答えよう。また、□にあてはまる言葉を答えよう。
40点(1つ10点)

(1)　「七夕」のひこ星は⑦□□□□□、おりひめ星は⑦□□である。

(2)　ベガ、デネブ、アルタイルの3つの星をつないだ三角形を何というかな。

(3)　次の文で、正しいものはどれかな。記号で答えよう。

　⑦　デネブは、はくちょう座の星である。

　⑦　ベガは、わし座の星である。

　⑨　アルタイルは、こと座の星である。

(1)⑦ _____

　⑦ _____

(2) _____

(3) _____

⤴10点(なぞりは点数なし)

だいじなまとめ
夏の東の空に見られる、明るい3つの星をつないでできる三角形を、{ 星の三角形・夏の大三角 } という。その3つの星は（　ベガ　）、（　デネブ　）、（　アルタイル　）である。

ヒント
⭐1　(3)夏の大三角の3つの星はとても明るいです。
⭐2　(3)デネブははくちょう座、ベガはこと座、アルタイルはわし座の星です。

# 14 星の明るさや色

**1** 次の問いに答えよう。　　　　　　　30点（1つ15点）

(1) 右の道具は、星や星座（せいざ）をさがすときに使います。何という名前かな。

（　　　　　　　　　　）

(2) 右の図は、この道具を使って夜空の星を調べているところです。どの方位（ほうい）の空を調べているのかな。

（　　　　　　）

東の地平線

**2** 次の文で、正しいもの2つに〇をつけよう。　20点（1つ10点）

（　　）1等星は3等星より明るい。

（　　）さそり座のアンタレスは、白っぽい星である。

（　　）星はすべて同じ明るさで光っている。

（　　）星によって、色にちがいがある。

**3** 次の問いに答えよう。　　　　　　　30点（1つ10点）

(1) さそり座にある赤っぽい星を何というかな。

(2) 昔の人は、星の集まりを動物や道具に見立てて名前をつけました。これを何というかな。

(3) (1)の星は、何等星かな。

(1)　—————————

(2)　—————————

(3)　—————————

> 星の色のちがいは、表面の温度に関係（かんけい）しているよ。

20点（1つ10点）

**だいじなまとめ**

星の明るさや色は、星によって { ちがう・ちがわない }。
{ 明るい・暗い } 星から、1等星、2等星、3等星、…と分けられる。

 **1** (2)見ようとする方位を下にして持ち上げ、夜空の星とくらべます。

# 15 まとめのテスト

**1** 7月のある日の午後9時ごろ、空を見上げると、下の図のように見えました。これについて、次の問いに答えよう。

50点（1つ10点、(4)は全部できて10点）

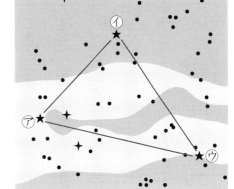

(1) 右の図のような星が見えたのは、どの方位（ほうい）の空を見上げたときかな。

（　　　　　　　　）

(2) ㋐〜㋒の3つの星をつなぐと三角形ができます。この三角形の名前を何というかな。

（　　　　　　　　）

(3) ㋐〜㋒の星は、何等星かな。

（　　　　　　　　）

(4) ㋐〜㋒の星の名前を答えよう。

㋐（　　　　　　　）　㋑（　　　　　　　）　㋒（　　　　　　　　　　）

(5) ㋐の星がふくまれている星座（せいざ）の名前を、下の ▢ から選（えら）んで、番号で答えよう。

（　　　）

> ①さそり座　　②こと座
> ③わし座　　　④はくちょう座

**2** 次の文は、星を観察（かんさつ）してわかったことをまとめたものです。正しいものには〇、まちがっているものには×をつけよう。

50点（1つ10点）

（　　　）どの星も、みんな同じ明るさをしている。

（　　　）赤っぽい星や白っぽい星など、夜空にはいろいろな色をした星がある。

（　　　）白っぽい星は、すべて1等星である。

（　　　）星は明るいものから順（じゅん）に、1等星、2等星…と分けられている。

（　　　）星は大きいものから順に、1等星、2等星…と分けられている。

## きほんのドリル

### 16

6 月や星の動き
**月の位置の調べ方、星座早見の使い方**

| 月 日 | 時間 **10**分 | 答え **62**ページ |
|---|---|---|
| 名前 | | |
| | | /100点 |

**1** 月の位置を調べます。下の図を見て、次の問いに答えよう。 **実験** 40点（1つ10点）

①

指先を、月が見えるほうに向ける。

②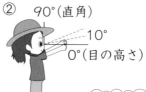

角の大きさを角度といい、度（°）という単位で表すよ。

うでをのばしたとき、にぎりこぶし1つ分が約10°になるんだよ。

(1) 図①、②は、それぞれ何を調べているのかな。

①（　　　　　　　）　②（　　　　　　　　　　　）

(2) 図①の㋐について、（　）にあてはまる言葉をかこう。

㋐は（　　　　　）じしんといい、図①では、月が（　　　　　　）にある。

**2** 星座早見の使い方について、（　）にあてはまる言葉を答えよう。**実験** 45点（1つ15点）

㋐

東の地平線

㋑

時こくの目もり　　　月日の目もり

(1) 観察する（　　　　　　）を下にして空にかざし、夜空の星とくらべる。

(2) ㋐では、（　　　）の空を観察している。

(3) ㋑では、7月7日の（　　　）時に合わせている。

（　）にあてはまる言葉をかこう。

15点（なぞりは点数なし）

**だいじなまとめ** 月の位置は、（　　　　　）と（ 高さ ）（角度）で決まる。

 **1** (1)月の位置は、方位と高さ（角度）で決まります。

18

**1** 下の図は、夏のある別の日でどちらも午後6時ごろに観察(かんさつ)した月のスケッチです。下の図を見て、次の問いに答えよう。　　　　　50点(1つ10点)

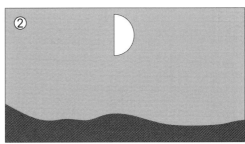

(1) ①、②の月は、それぞれ何というかな。

①(　　　　　)　②(　　　　　)

(2) ①の月は、これから高くなるところ、②の月は、これから低くなるところです。このとき、それぞれどの方位(ほうい)に見えているかな。

①(　　　　　)　②(　　　　　)

(3) ①の月は、これから1時間後には、図のどの方向に動いているかな。正しいものに○をつけよう。

(　　)真上　　　　(　　)真横　　　　(　　)真下

(　　)ななめ上　　(　　)ななめ下

**2** 月について、次の□にあてはまる言葉を答えよう。　　　　30点(1つ10点)

(1) 円の形に見える月を□□という。　　　　　　(1) _____

(2) 半円の形に見える月を□□という。　　　　　(2) _____

(3) 月は、東からのぼり、時こくとともに□の空の高い　(3) _____
　　ところを通って西へと動く。

20点(1つ10点)

だいじな
まとめ

月は、日によって見える形が変(か)わる。月は、{ 東・南 }からのぼり、時こくとともに { 北・南 } の空の高いところを通って西へと動く。

**1** (2)、(3)月は、東からのぼり、南の空の高いところを通って西へと動きます。

# 星の動き

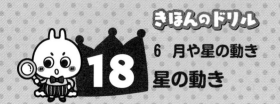

| 月　日 | 時間10分 | 答え63ページ |
|---|---|---|
| 名前 | | /100点 |

**1** 下の図は、夏の東の空に見えるある星座（せいざ）を、午後９時と午後10時に観察（かんさつ）したものです。次の問いに答えよう。 30点（１つ15点）

(1) 図は、何という星座を記録（きろく）したものかな。下の［　］から選（えら）んで答えよう。💡

（　　　　　　　）

| | |
|---|---|
| カシオペヤ座 | わし座 |
| はくちょう座 | こと座 |

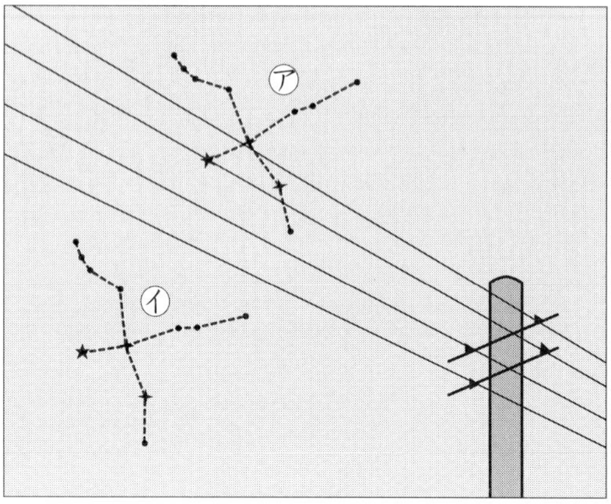


(2) 午後10時に見えたのは、㋐、㋑のどちらの位置（いち）かな。💡 （　　）

**2** 次の問いに答えよう。また、□にあてはまる言葉を、下の［　］から選んで答えよう。 50点（１つ10点）

(1) 東の空を観察しました。右の図の星は、①～④のどの向きに動くと考えられるかな。番号で答えよう。

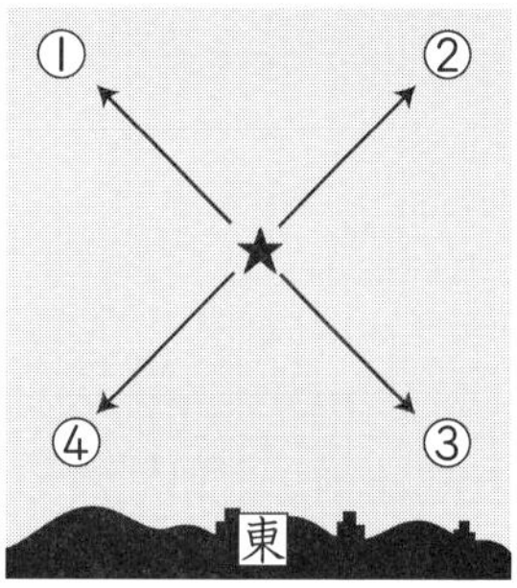


(2) 星の見える□□は、時こくとともに変（か）わっていく。

(3) 星の□□□方は、時間がたっても変わらない。

(4) 観察するときには、建物（たてもの）や電線など動かないものを□□にしてかきこんでおく。

(5) 自分の□□位置に印（しるし）をつけておいて、毎回、同じところから観察する。

(1) ＿＿＿＿
(2) ＿＿＿＿
(3) ＿＿＿＿
(4) ＿＿＿＿
(5) ＿＿＿＿

| | | | |
|---|---|---|---|
| 目印 | 位置 | 立つ | ならび |

20点（１つ10点、なぞりは点数なし）

**だいじなまとめ**
時こくとともに、星の見える位置は｛変わる・変わらない｝が、（星のならび方）は｛変わる・変わらない｝。

💡 **1** (1)夏の大三角（なつのだいさんかく）の１等星をふくむ星座です。(2)東の空にある星は、南の高いところを通って西へ動きます。図の右方向が南です。

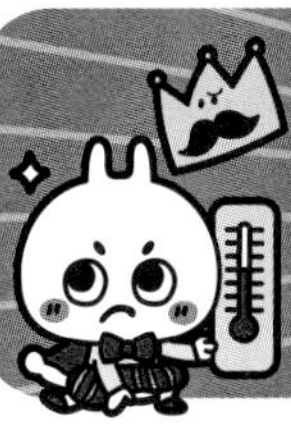

# 19 まとめのテスト

月　日　時間15分　答え63ページ

名前

/100点

**1** 下の図は、夏のある別の日で、それぞれ月の動きを長い時間観察（かんさつ）したものです。次の問いに答えよう。 [実験]　70点（１つ10点）

①

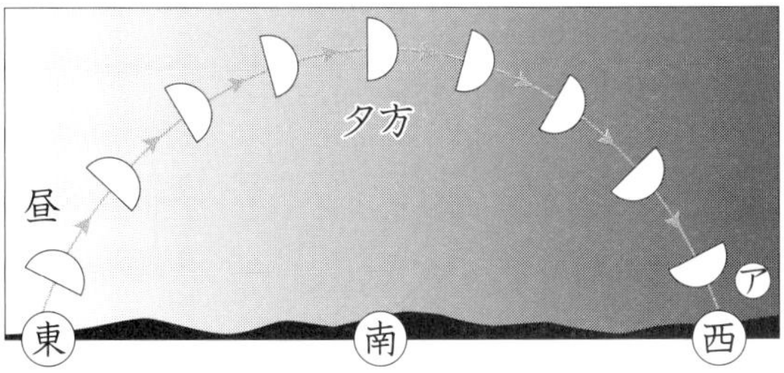


②

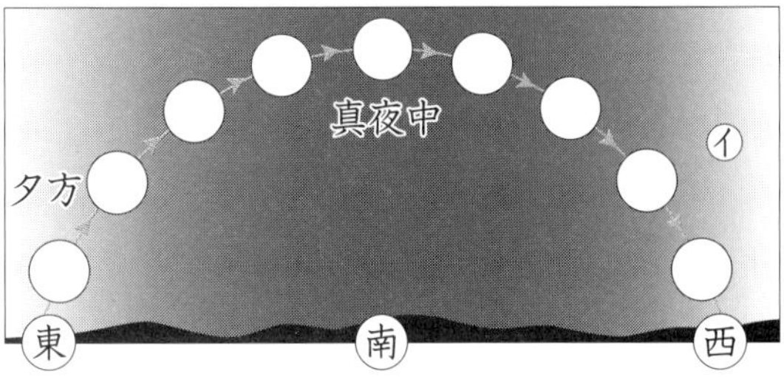


(1)　図①、②は、それぞれ何という月の動きを表したものかな。

①（　　　　　　　　　）　②（　　　　　　　　　）

(2)　図の㋐、㋑は、明け方、昼、夕方、真夜中のどれかな。

㋐（　　　　　　　　　）　㋑（　　　　　　　　　）

(3)　次の文の（　）にあてはまる方位（ほうい）をかこう。

月は、（　　　）のほうから出てきて、（　　　）の空の高いところを通って、（　　　）のほうにしずむ。

**2** デネブとアルタイルが、右の図の矢印（やじるし）のように動きました。次の問いに答えよう。　30点（１つ10点）

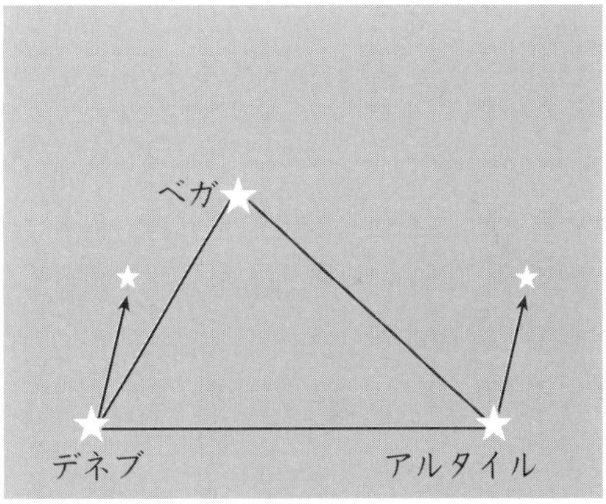


(1)　図で、ベガはどのように動いたかな。動いたところに★をかこう。

(2)　デネブ、アルタイル、ベガでできる三角形を何というかな。

（　　　　　　　　　）

(3)　この３つの星はどれも１等星ですが、これは何をもとにして決められたのかな。正しいものに○をつけよう。

（　　）星の大きさ　（　　）星の明るさ　（　　）星の色

# 20 7 ヒトの体と動物の体
## ヒトの体のつくり

名前

/100 点

**1** 下の2つの図は、ヒトの体のつくりである「ほね」と「きん肉」を表しています。
　　□にあてはまる言葉を、下の □ から選んで答えよう。　　50点（1つ10点）

①ほね

頭のほね

□ のほね

うでのほね

□ のほね

□ のほね

足のほね

②きん肉と関節

□

ほね

□

| こし　むね　せなか |
| きん肉　　　関節 |

**2** 次の問いに答えよう。また、□にあてはまる言葉を答えよう。　40点（1つ10点）

(1) 体には、曲げられるところと、曲げられないところ　(1)
　　があります。曲げられるところを何というかな。　　(2)

(2) ヒトは、ほねによって体を□□□ている。　　(3)

(3) ヒトは、きん肉がちぢんだり、ゆるんだりすること　(4)
　　で体を□□□ている。

(4) 体の中には、曲げられるところがたくさんあり、どこも、ほねとほね
　　のつなぎ目である。このつなぎ目を□□という。

10点（1つ5点、なぞりは点数なし）

だいじな
まとめ

体には、かたくてじょうぶな { ほね・きん肉 } と、やわら
かい { ほね・きん肉 } がある。ほねとほねのつなぎ目を
（ 関節 ）という。

ヒント **2** 「動かし」、「ささえ」、「関節」から選んで答えましょう。同じ言葉をくり返し使います。

**1** 体が動くしくみを調べました。うでを曲げたりのばしたりすると、きん肉はどうなるかな。下の図を見て、次の問いに答えよう。　60点（1つ10点）

●うでを曲げたとき

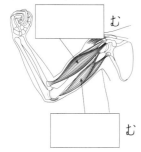

む

む

●うでをのばしたとき

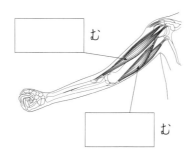

む

む

足を曲げるときも
きん肉をちぢめたり、
ゆるめたりしているよ。

(1)　図の □ にあてはまる言葉をかこう。

(2)　ほねやきん肉の役わりについて、（　）にあてはまる言葉をかこう。
　①　ほねは、体を（　　　　　　）えている。
　②　ヒトの体は、きん肉がちぢんだり、ゆるんだりすることで、
　　（　　　　　　　）すことができる。

**2** ヒトとウサギの体について、次の文の（　）にあてはまる言葉を下の □ から選んで答えよう。　30点（1つ10点）

(1)　ウサギには、ヒトと同じように、ほね、関節、（　　　　　　　　）がある。

(2)　ウサギが体を動かすとき、（　　　　　　　）で体を曲げている。また、ほねについているきん肉をちぢめたり、（　　　　　　　）めたりしている。

| 関節 | きん肉 |
|------|--------|
| ゆる | ちぢ |

↰10点（なぞりは点数なし）

だいじな
まとめ

（　ヒト　）は、｛ ほね・きん肉・関節 ｝をちぢめたり、ゆるめたりすることで、体を動かしている。また、（　ほね　）で体をささえている。

💡ヒント **1** (1)きん肉がちぢむのか、ゆるむのか考えましょう。

**22 まとめのテスト**

名前

/100点

**1** ヒトのほねとその役わりについて、□□ にあてはまる体の部分の名前を、下の
□□ から選んで答えよう。　　　　　　　　　　　　　　　40点（1つ10点）

□□ のほね・・・たてにたくさんつながっていて、体をささえる中心になっている。

□□ のほね・・・横に広がっていて、しせいをたもっている。

□□ のほね・・・肺や心ぞうなどを守っている。

□□ のほね・・・やわらかい脳を守っている。

　　頭　　むね　　せなか　　こし

**2** ヒトの体が動くしくみについて調べました。次の文で、正しいものには○、まちがっているものには×をつけよう。　　　　　　　　　　　60点（1つ10点）

（　　）ヒトの体は、かたくてじょうぶな関節でささえている。

（　　）うでを曲げると、内側のきん肉はちぢみ、外側のきん肉はゆるむ。

（　　）ほねとほねのつなぎ目をきん肉という。

（　　）せなかには関節がたくさんあって、それらを少しずつ曲げることで、せなかを曲げることができる。

（　　）うでをのばすと、内側のきん肉はゆるみ、外側のきん肉はちぢむ。

（　　）重いものを持って力を入れたとき、きん肉はかたくなる。

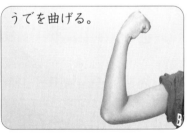

うでを曲げる。

うでをのばす。

**23**

8 秋の自然(しぜん)

**秋の動物や植物**

| 月 日 | 時間 **10**分 | 答え**64**ページ |

名前

/100 点

**1** 次の動物で、秋によく見られるもの2つに〇をつけよう。　　　　20点(1つ10点)

①オンブバッタの成虫(せいちゅう)　　　②ゲンジボタルの成虫　　　③トノサマガエル

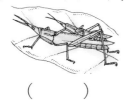　　　　

（　　　）　　　　　　　（　　　）　　　　　　（　　　）

**2** 秋の動物や植物について、次の□にあてはまる言葉を答えよう。

40点(1つ10点)

(1)　ヒョウタンの実の大きさが□□□なった。　　　　　(1)　＿＿＿＿＿＿＿＿＿＿

(2)　オオカマキリが□□□を産(う)んでいた。　　　　　(2)　＿＿＿＿＿＿＿＿＿＿

(3)　秋になると、動物の活動が夏より⑦□□くなった　　(3)⑦　＿＿＿＿＿＿＿＿＿

　　り、植物のくきののびが⑦□□□たりする。　　　　　　⑦　＿＿＿＿＿＿＿＿＿

**3** 秋のヒョウタンのようすについて、正しいもの2つに〇をつけよう。

30点(1つ15点)

（　　　）くきがいきおいよくのびて、夏のころより大きくなった。

（　　　）秋になってすずしくなり、ようやく白い花がさき始めた。

（　　　）実が大きくなり、中にたくさんのたねができていた。

（　　　）夏のころほど、くきがのびなくなった。

　春や夏のころの観察記録(かんさつきろく)とくらべながら、観察を続(つづ)けよう。

⟍10点(なぞりは点数なし)

 だいじなまとめ　秋になると、生き物のようすが変(か)わる。ヘチマやヒョウタンなどは（ 実 ）が ｛ 小さく・大きく ｝ なる。

　**2** 「止まっ」、「にぶ」、「たまご」、「大きく」から選んで答えましょう。

# 24 まとめのテスト

月　日　時間15分　答え64ページ

名前

/100点

**1** 下の図は、生き物のようすを表しています。秋に見ることができるもの4つに○をつけよう。

40点（1つ10点）

㋐葉が赤色になったサクラ

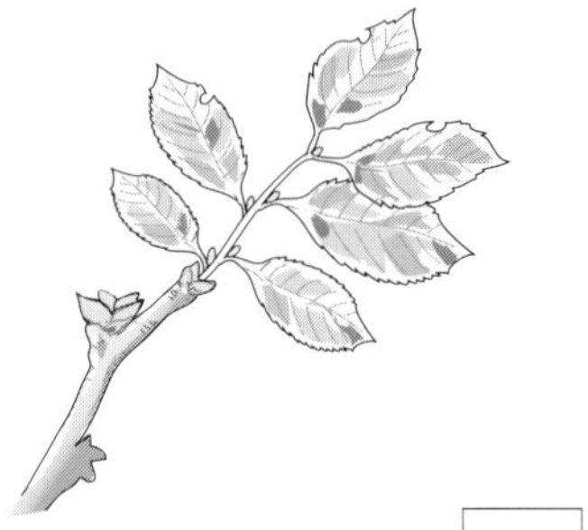

□

㋑オオカマキリの成虫（せいちゅう）とたまご

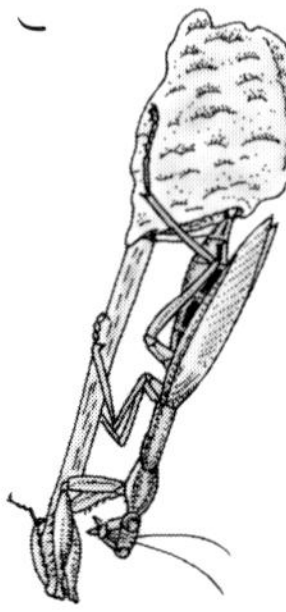

□

㋒ゲンジボタルの成虫

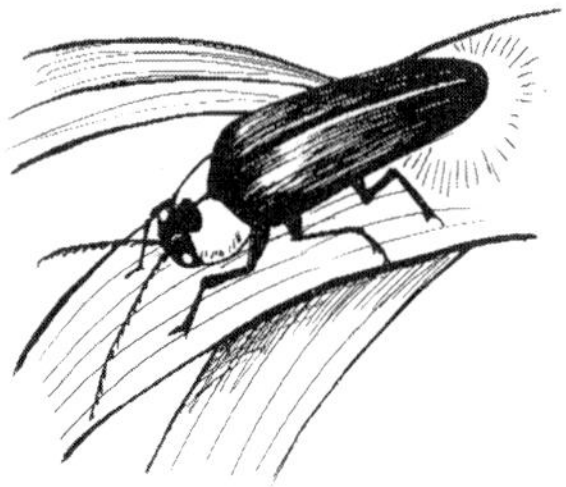

□

㋓オンブバッタの成虫

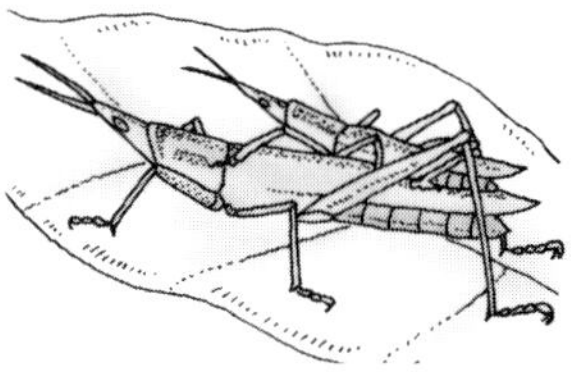

□

㋔ヒョウタンの花

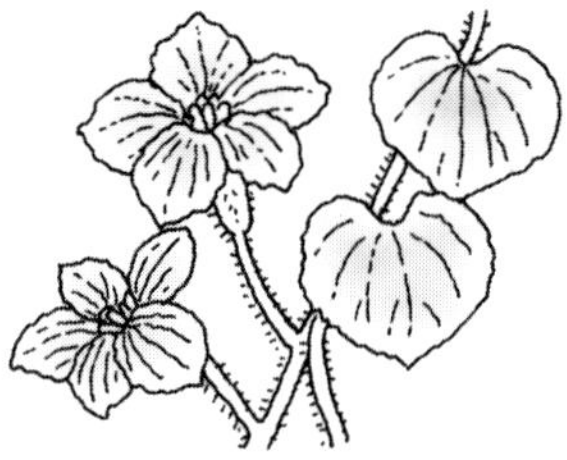

□

㋕トノサマガエル

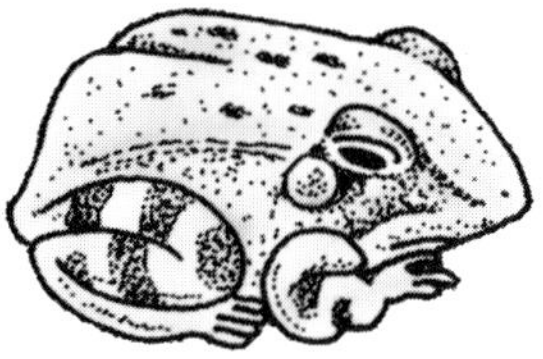

□

**2** 秋の気温や生き物のようすを表した次の文で、あてはまるほうに○をつけよう。

60点（1つ10点）

(1) 気温や水温が夏にくらべて｛ 高くなる・低（ひく）くなる ｝。

(2) ヒョウタンは、夏にくらべて実の大きさが｛ 小さい・大きい ｝。

(3) ヒョウタンのくきののびが｛ 止まる・大きくなる ｝。

(4) 動物の活動が夏より｛ 活発になる・にぶくなる ｝。

(5) イチョウの葉の｛ 色・大きさ ｝が変（か）わる。

(6) ヘチマの実はじゅくしてくると、｛ 緑色・茶色 ｝に変わる。

**1** とじこめた空気のせいしつを調べるため、空気でっぽうの玉が飛ばないようにつつをゴムの板におしつけました。次の問いに答えよう。 **実験** 40点（1つ10点）

(1) つつの中に何が入っているかな。

図の [　　] にかこう。

(2) おしぼうをおしていくと、つつの中の空気はどうなるかな。

おし（　　　　　　　）られる。

(3) このとき、おしぼうをおしている手ごたえはどうなるかな。正しいものに○をつけよう。

（　　）だんだん小さくなる。　　（　　）変わらない。

（　　）だんだん大きくなる。

(4) おすのをやめると、つつの中の空気の体積はどうなるかな。

（　　　　　　　）にもどる。

**2** 空気でっぽうで実験をしました。□にあてはまる言葉を答えよう。 **ヒント** **実験**

30点（1つ10点）

(1) とじこめた空気をおすと、体積が□□くなる。

(2) おしちぢめられた空気には、おし□□力がある。

(3) おしぼうをおしていくと、手ごたえはだんだん□□くなる。

(1) _____

(2) _____

(3) _____

30点（1つ15点、なぞりは点数なし）

だいじなまとめ

空気でっぽうのおしぼうをおしたとき、とじこめられた空気の体積が ｛ 小さくなる・大きくなる ｝。その空気の（ 体積 ）はもとの体積に ｛ もどろうとする・もどろうとしない ｝。

**ヒント** **2** 「大き」、「小さ」、「返す」から選んで答えましょう。

**27**

**1** 水をとじこめて実験をしました。次の問いに答えよう。 実験　40点（1つ10点）

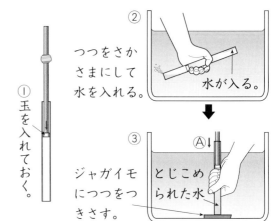

① 玉を入れておく。

② つつをさかさまにして水を入れる。水が入る。

③ ジャガイモにつつをつきさす。とじこめられた水 Ⓐ

(1) 図③で、矢印Ⓐの向きにおしぼうをおすと、玉はどうなるかな。正しいものに○をつけよう。

（　　）玉は下へ動く。

（　　）玉は動かない。

（　　）玉は上へ動く。

(2) (1)のとき、水の体積はどうなるかな。（　　　　　　　）

(3) (1)のとき、おしぼうをおしている手ごたえはどうなるかな。（　　　　　　　）

(4) (1)～(3)のことから、水はおしちぢめることができるかな、できないかな。（　　　　　　　）

**2** **1**の水をとじこめる実験でわかったことをまとめました。□にあてはまる言葉を、下の □ から選んで答えよう。 40点（1つ10点）

(1) おしぼうをおしたとき、玉は□□□□。

(2) おしぼうをおしたとき、水の□□は変わらない。

(3) おしぼうをおし続けても、手ごたえは□□□ない。

(4) (1)～(3)のことから、水は□□□□めることができない。

(1) _____

(2) _____

(3) _____

(4) _____

| 変わら　　動かない　　体積　　おしちぢ |
| --- |

↙20点（1つ10点、なぞりは点数なし）

だいじなまとめ

水を入れたつつのおしぼうをおしたとき、水の（ 体積 ）は
{ 変わる・変わらない } ので、水はおしちぢめることが
{ できる・できない } ことがわかる。

# 27 まとめのテスト1

| 月　日 | 時間15分 | 答え65ページ |
|---|---|---|
| 名前 | | /100点 |

**1** 空気をちゅうしゃ器にとじこめました。次の(1)～(5)の答えをそれぞれ①～③から選んで、番号で答えよう。

100点(1つ20点)

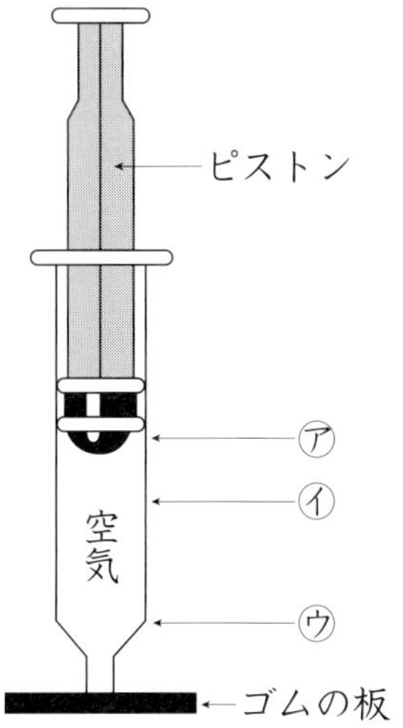


(1) ピストンを手でおすと、ピストンはどうなるかな。（　　）

① ㋐から動かない。

② ㋑ぐらいまで下がる。

③ ㋐より上に上がる。

(2) (1)のとき、おしている手ごたえはどのようになるかな。（　　）

① ほとんど手ごたえを感じない。

② 強くおすほど、手ごたえは大きくなっていく。

③ おし方のちがいに関係なく、同じ手ごたえがある。

(3) ピストンをおしていた手を放すと、ピストンはどうなるかな。（　　）

① 手を放した位置から動かない。

② おし始めた位置にもどる。

③ 手を放した位置よりもっと下がる。

(4) 空気の代わりに、ちゅうしゃ器の中に水をとじこめて、ピストンを手でおすと、どうなるかな。（　　）

① ㋐から動かない。

② ㋑ぐらいまで下がる。

③ ㋒まで下がる。

(5) (1)～(4)の実験の結果から、空気と水のせいしつについてわかったことをまとめました。正しいものはどれかな。（　　）

① 空気も水も、おしちぢめられない。

② 空気も水も、おしちぢめられる。

③ 空気はおしちぢめられるが、水はおしちぢめられない。

# 28 まとめのテスト2

**1** 右の①～④の図は、落ちていくゴムボールがゆかではね返っているようすを表しています。これを見て、次の問いに答えよう。　50点(1つ10点)

(1) ゴムボールの中には、何が入っているかな。　　　　　(　　　　　)

(2) ②、④のとき、中に入っているものの体積(たいせき)は、どうなったかな。正しいほうを〇で囲(かこ)もう。

　② ゴムボールがゆかに当たった。体積が { 小さ・大き } くなった。

　④ ゴムボールがはね返った後、体積が { ②・① } と同じになった。

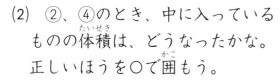
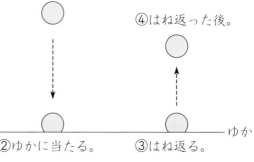

①落ちるとちゅう。

④はね返った後。

②ゆかに当たる。　③はね返る。　　ゆか

(3) (2)のことから、どんなことがわかるかな。次の文の(　)にあてはまる言葉をかこう。

　とじこめた空気の体積を(　　　　　　)くすると、もとの(　　　　　　)にもどろうとするので、ゴムボールがゆかではね返った。

**2** ちゅうしゃ器(き)に玉をつめて、飛(と)ばそうとしました。次の問いに答えよう。　**実験**

(1) 右の図のように、ちゅうしゃ器を上向きにして、中に水と空気を半分ずつ入れました。空気は、⑦、①のどちらかな。　　　　　(　　　　　)　50点(1つ10点)

(2) ピストンをおすと、⑦の体積はどうなるかな。
　　　　　　　　(　　　　　　　　　)

(3) ピストンをおすと、①の体積はどうなるかな。
　　　　　　　　(　　　　　　　　　)

(4) ピストンをおす力を強くするほど、おし返される手ごたえはどうなるかな。正しいものを〇で囲(か)もう。
　　　　　{ 弱くなる・変わらない・強くなる }

(5) ピストンをおしていくと、玉は飛び出すかな、飛び出さないかな。　(　　　　　　　　　)

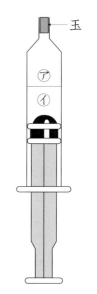

玉

⑦

①

**1** アルコールランプや実験用ガスコンロの点けんのしかたや使い方について、下の図の □ にあてはまる数字や言葉を、下の □ から選んで答えよう。

ヒント 実験 50点（1つ10点）

アルコールランプ

㋐中のしんは　㋒ □ から火を近づける。

□ mmぐらい出ている。

㋑アルコールは □ 分めぐらい入れておく。

加熱器具はたおれそうなところに置いちゃダメだよ！

実験用ガスコンロ

㋓ガスボンベの取りつけでは切れこみのところを □ にする。

㋔ □ つまみを回して、点火や消火をする。

| 調節 | 横 | 上 | 5 | 8 |

**2** 次の文で、正しいものには○、まちがっているものには×をつけよう。

40点（1つ10点）

(1) アルコールランプやガスコンロなどの加熱器具は、つくえのはしに置く。

(2) 火を使う実験では、ぬれたぞうきんを置いておく。

(3) アルコールランプの火を消すときは、ななめ上からすばやくふたをする。

(4) ガスコンロは、調節つまみを回して点火する。

(1) _____
(2) _____
(3) _____
(4) _____

10点（なぞりは点数なし）

だいじなまとめ

理科室では、{ 安全・危険 } に（ 実験 ）を行う。

  **1** アルコールランプのしんは、あまり短すぎても、長すぎてもよくありません。

# 30 まとめのテスト

**1** 下の図のアルコールランプの正しい使い方について、次の問いに答えよう。

**実験** 30点（1つ10点）

(1) アルコールランプを使うときのアルコールの量は、次のⓐ～ⓒのうち、どれが正しいかな。記号で答えよう。　　　　　　　　　　（　　　　）

ⓐ 　　　　ⓑ 　　　　ⓒ

(2) アルコールランプの①点火と②消火について、それぞれⓐ、ⓑのどちらが正しいかな。正しいほうに○をつけよう。

①　ⓐ（　　　）　　ⓑ（　　　）　　　　②　ⓐ（　　　）　　ⓑ（　　　）

**2** 右の図を見て、次の問いに答えよう。　**実験**　70点（1つ10点、(3)は全部できて40点）

(1) 右の図は、何という加熱器具かな。
　　　　　　（　　　　　　　　　　　）

(2) 図のⓐ、ⓑは、それぞれ何を調節するねじかな。　　ⓐ（　　　　　　　　　）
　　　　　　　　　　　ⓑ（　　　　　　　　　）

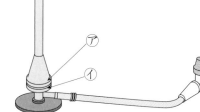

(3) (1)の器具に火をつけるとき、どのようにつけるかな。火をつけるときの順に番号をかこう。

（　　　）ガス調節ねじで、ほのおの大きさを調節する。

（　　　）元せんを開ける。

（　　　）ガス調節ねじを少し開けて、火をつける。

（　　　）空気調節ねじを開けていく。

**1** 丸底フラスコにとじこめた空気をあたためたり、冷やしたりしました。下の図を見て、次の問いに答えよう。　**実験**　　　　　40点（1つ10点）

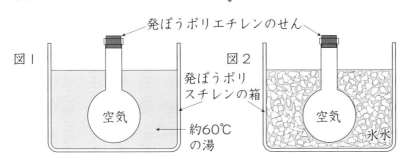

図１　発ぽうポリエチレンのせん

図２　発ぽうポリスチレンの箱

空気　　約60℃の湯

空気　氷水

空気は、あたためたり冷やしたりすると、体積が変わるよ。

(1) 図１で、せんはどうなるかな。正しいものに○をつけよう。
（　　）飛び出す。（　　）変わらない。（　　）中へ入っていく。

(2) (1)のようになるのはどうしてかな。（　）にあてはまる言葉をかこう。
あたためられて、空気の（　　　　　）が大きくなったから。

(3) 図２で、せんはどうなるかな。正しいものに○をつけよう。
（　　）飛び出す。（　　）変わらない。（　　）中へ入っていく。

(4) (3)のようになるのはどうしてかな。（　）にあてはまる言葉をかこう。
冷やされて、空気の体積が（　　　　　）くなったから。

**2** 次の問いに答えよう。また、□にあてはまる言葉を答えよう。　40点（1つ10点）

(1) 空気を冷やすと、体積はどうなるかな。

(2) **1**で、せんが飛び出したのは、空気が□□□□られたからである。

(3) ふたをしたペットボトルをあたためると、どうなるかな。

(4) ふたをしたペットボトルを氷水につけると、どうなるかな。

(1) ＿＿＿＿＿＿＿＿＿

(2) ＿＿＿＿＿＿＿＿＿

(3) ＿＿＿＿＿＿＿＿＿

(4) ＿＿＿＿＿＿＿＿＿

20点（1つ10点、なぞりは点数なし）

だいじなまとめ

空気は、あたためると（ 体積 ）が｛ 大きく・小さく ｝なり、冷やすと体積が ｛ 大きく・小さく ｝なる。

 **2** 「小さくなる。」、「ふくらむ。」、「へこむ。」、「あたため」から選んで答えましょう。

## 32
### 11 ものの温度と体積
### 水の温度と体積

**1** 下の図のように丸底フラスコをあたためたり冷やしたりして、ガラス管の中の水面の変化を調べます。次の問いに答えよう。　**実験**　　　40点（1つ10点）

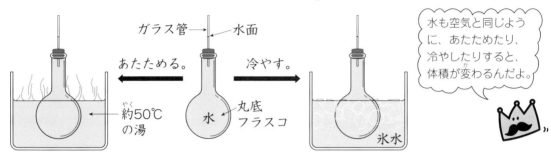

ガラス管→　水面
あたためる。　　冷やす。
約50℃の湯　　水　丸底フラスコ　　氷水

> 水も空気と同じように、あたためたり、冷やしたりすると、体積が変わるんだよ。

(1) 次の文は、丸底フラスコを湯につけたとき、どのようになるかを説明したものです。あてはまる言葉を右の □ から選んで答えよう。同じ言葉をくり返して使ってもよいです。

　丸底フラスコを湯につけると、丸底フラスコの中の水の温度が（　　　　　　）。すると、水の体積が（　　　　　　）なり、ガラス管の中の水面が（　　　　　　）。

| 上がる　下がる |
| 大きく　小さく |

(2) 丸底フラスコを氷水につけたとき、ガラス管の水面はどうなるかな。

（　　　　　　　　　）

**2** 次の文の□にあてはまる言葉を答えよう。　💡　　　40点（1つ10点）

(1) 水をあたためると、体積は□□□なる。

(2) 水を冷やすと、体積は□□□なる。

(3) 水も空気も、あたためると体積は㋐□□□なり、冷やすと体積は㋑□□□なる。

(1)　_____

(2)　_____

(3)㋐　_____

　㋑　_____

⤶20点（1つ10点、なぞりは点数なし）

**だいじなまとめ**　水は、あたためると体積が { 大きく・小さく } なり、（ 冷やす ）と体積が { 大きく・小さく } なる。

**ヒント** **2** 「大きく」、「小さく」から選んで答えましょう。同じ言葉をくり返し使います。

月　日　時間**10**分　答え**67**ページ

名前

/100点

**1** 金ぞくの玉を熱したり冷やしたりして、玉が輪を通りぬけるかどうかを調べました。下の図を見て、次の問いに答えよう。　実験　　　　　　40点（1つ10点）

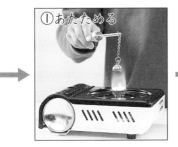
①あたためる

②冷やす

輪　玉
玉が輪をぎりぎり
通りぬけられる

①あたためると、
　金ぞくの玉は、輪
　を通り { ぬける・
　ぬけない }。

②冷やすと、
　金ぞくの玉は、輪を通り
　{ ぬける・ぬけない }。

(1)　図の①、②で、{ }の正しいほうを○で囲もう。

(2)　①で、玉の体積はどうなるかな。　　　（　　　　　　　　　）

(3)　②で、玉の体積はどうなるかな。　　　（　　　　　　　　　）

**2** 次の問いに答えよう。　　　　　　　　　　　40点（1つ20点）

(1)　あたためた金ぞくの体積は、どうなるかな。　(1) _____

(2)　冷やした金ぞくの体積は、どうなるかな。　　(2) _____

熱した金ぞくには、冷めるまで、
さわらないようにしよう。

20点（1つ10点、なぞりは点数なし）

だいじな
まとめ
金ぞくをあたためると（ 体積 ）が { 大きく・小さく }なり、冷やすと体積が { 大きく・小さく } なる。

ヒント **2** 「小さくなる。」、「大きくなる。」から選んで答えましょう。

# 34 まとめのテスト 1

**1** 試験管にちゅうしゃ器をつけたもの㋐、㋑を用意し、湯につけました。下の図を
見て、次の問いに答えよう。 **実験**

60点（1つ20点）

(1) ㋐、㋑のちゅうしゃ器のピストンは、どの
ように動くかな。正しいものに○をつけよう。
（　　　）㋐のほうが、㋑より高く上がる。
（　　　）㋑のほうが、㋐より高く上がる。
（　　　）㋐も㋑も、同じような高さまで上がる。

(2) (1)のことから、どのようなことがいえるか
な。正しいものに○をつけよう。
（　　　）空気と水の体積のふえ方は、同じであ
る。
（　　　）水は、空気より体積のふえ方が大きい。
（　　　）空気は、水より体積のふえ方が大きい。

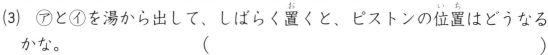

(3) ㋐と㋑を湯から出して、しばらく置くと、ピストンの位置はどうなる
かな。　　　　　　　　　　　（　　　　　　　　　　　　　　　）

**2** 右の図のように、金ぞくの玉を熱して、金ぞくの体積の変化を調べました。次の
問いに答えよう。 **実験**

40点（1つ20点）

(1) 図の金ぞくの玉は、熱する前は、輪を
ぎりぎり通りぬけることができました。
金ぞくの玉を熱すると、玉は輪を通りぬ
けられるかな、通りぬけられないかな。
（　　　　　　　　　　　　　）

(2) 金ぞくの玉をよく冷やすと、玉は輪を
通りぬけられるかな、通りぬけられない
かな。（　　　　　　　　　　　　　）

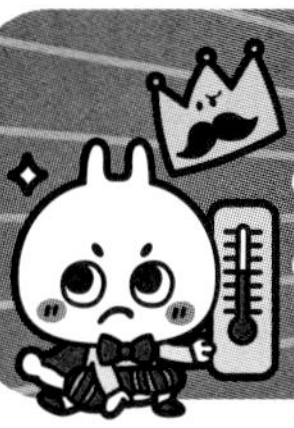

# 35 まとめのテスト2

| 月　日 | 時間15分 | 答え67ページ |
| --- | --- | --- |
| 名前 | | /100点 |

**1** 丸底(まるぞこ)フラスコの口にせっけん水でまくをつくり、そのフラスコを湯につけたり、氷水につけたりしました。次の問いに答えよう。 [実験]

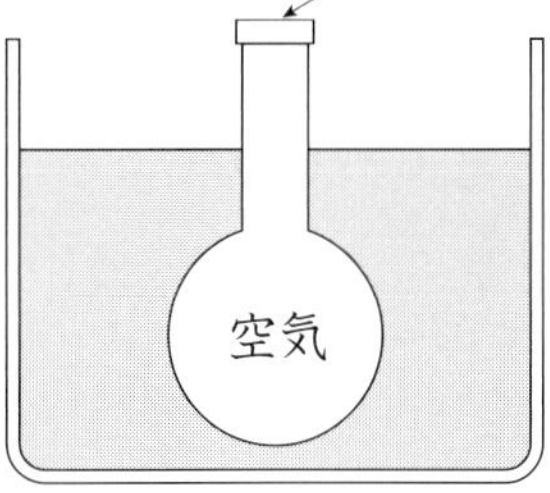


40点(1つ20点)

(1) 湯につけると、フラスコの口では、どのようなことが起こるかな。次の図で、正しいものに○をつけよう。

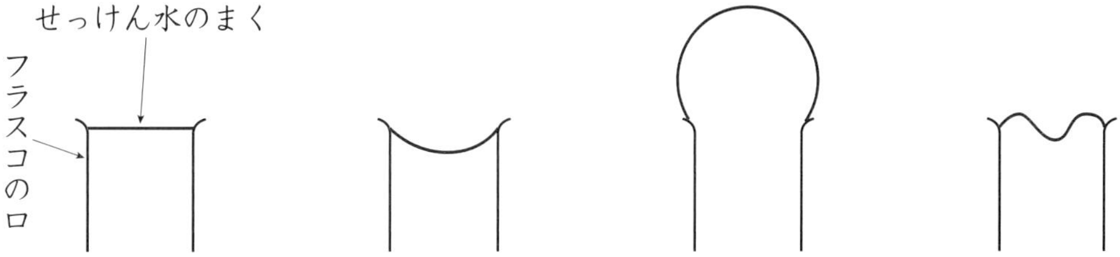


㋐(　　)　㋑(　　)　㋒(　　)　㋓(　　)

(2) (1)の図で、氷水につけたときのせっけん水のまくのようすは、㋐～㋓のどれかな。記号で答えよう。　(　　)

**2** 次の文は、空気・水・金ぞくの体積(たいせき)の変(か)わり方について説明(せつめい)したものです。正しいものには○、まちがっているものには×をつけよう。　60点(1つ10点)

(　　)空気や水はあたためると体積が大きくなるが、金ぞくはあたためても体積は変わらない。

(　　)あたためたことによる体積の変化(へんか)は、水よりも空気のほうが大きい。

(　　)水はあたためると体積が大きくなるが、冷(ひ)やしても体積は小さくならない。

(　　)空気・水・金ぞくのうち、あたためることによる体積の変化は空気が最(もっと)も大きい。

(　　)空気・水・金ぞくのうち、冷やすことによる体積の変化は水が最も大きい。

(　　)金ぞくの体積はあたためても変化しない。

# 冬の星

月　日　時間10分　答え67ページ
名前
/100点

**1** 冬の夜空を見上げると、南東の空に、下の図のような星が見えました。次の問いに答えよう。　50点（1つ10点）

夏や秋の観察の結果とくらべてみよう。

[ア]

[イ]

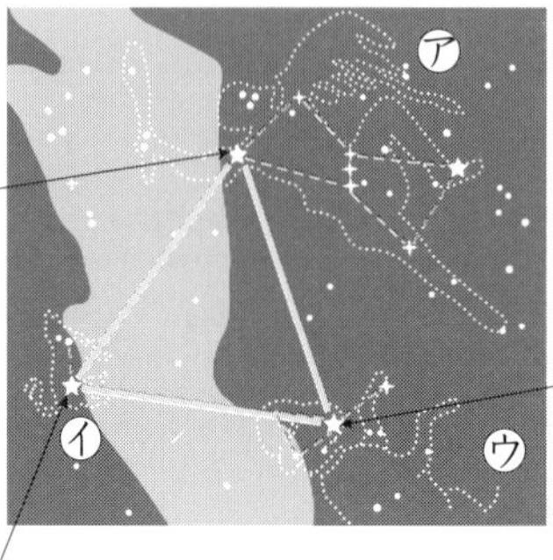


[ウ]

| | | | |
|---|---|---|---|
| おおいぬ座 | オリオン座 | カシオペヤ座 | こいぬ座 |

(1) 図の[ア]～[ウ]の星座名を、上の □ から選んで □ にかこう。

(2) 図の三角形を何というかな。（　　　）

(3) オリオン座の1等星で、赤っぽい星の名前をかこう。ヒント
（　　　）

**2** 冬に見られる星について次の問いに答えよう。　30点（1つ15点）

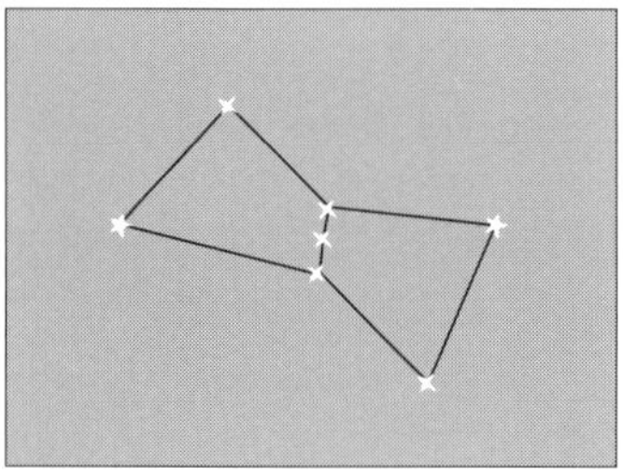

(1) 左の図の星座を何というかな。

(2) 時こくとともに、星のならび方は変わるかな、変わらないかな。

(1)

(2)

20点（1つ10点、なぞりは点数なし）

**だいじなまとめ**

夏や秋と同じように、冬に見られる星も、時こくとともに、星の見える位置は｛変わる・変わらない｝が、星のならび方は｛変わる・変わらない｝。

ヒント **1** (3)オリオン座の1等星は、ベテルギウスとリゲルの2つです。

| | 月 日 | 時間 **10**分 | 答え **68** ページ |
|---|---|---|---|
| 名前 | | | |
| | | | /100点 |

**1** 冬のヘチマのようすを観察しました。下の図の □ にあてはまる言葉を答えよう。

20点(1つ10点)

①葉もくきも

[        ] て

いる。

②実の中には、

[        ] が

つまっている。

> 冬のようすは、春につながることを考えて観察するよ。

**2** 次の図のうち、冬に見られるもの2つに〇をつけよう。

20点(1つ10点)

オオカマキリの
たまご

（      ）

オオカマキリの
よう虫

（      ）

ナナホシテントウ
とそのたまご

（      ）

ナナホシテントウ

（      ）

**3** 次の文は、冬に見られる植物について説明したものです。正しいものには〇、まちがっているものには×をつけよう。

40点(1つ10点)

(1) ヒョウタンは、かれてしまう。

(1) _____

(2) ヒョウタンは、たねのすがたで冬をこす。

(2) _____

(3) かれたヘチマの実の中には、たねが入っている。

(3) _____

(4) ヘチマのたねは、1つの実に1つずつ入っている。

(4) _____

20点(1つ10点、なぞりは点数なし)

> だいじな
> まとめ
>
> 冬は、秋とくらべて気温や水温が { 高く・**低く** } なる。また、{ 動物・植物 } がすがたを見せなくなる。
> ヒョウタンは、葉もくきもかれて、（ たね ）を残す。

ヒント **2** 動物の冬ごしのしたくには、いろいろな方法があります。

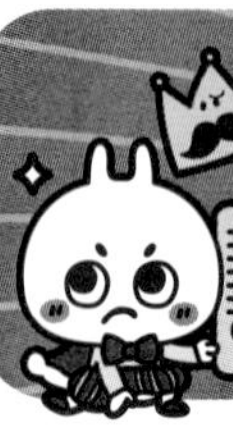

# 38 まとめのテスト

| 月　日 | 時間15分　答え68ページ |
|---|---|
| 名前 | /100点 |

**1** 右の図は、冬の夜空の一部です。㋐～㋓は１等星を、①～⑦は２等星を表しています。これを見て、次の問いに答えよう。　50点（１つ10点、(1)は全部できて10点）

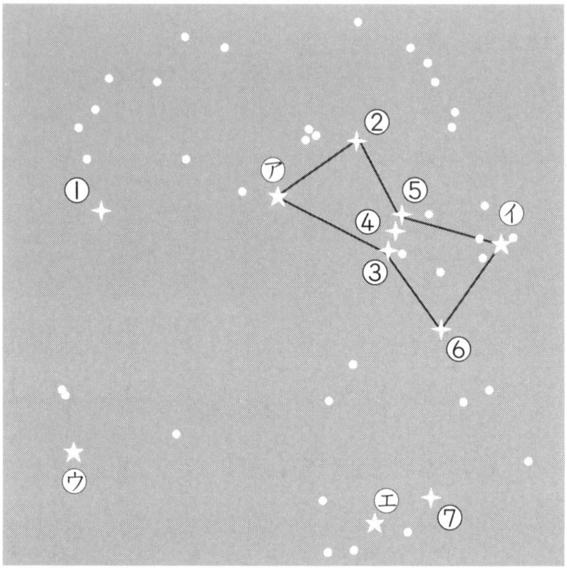


(1) 冬の大三角は、どの星をつなぐとできるかな。右の図の㋐～㋓から選んで、記号で答えよう。
（　　　　　）

(2) ㋐と㋑がふくまれている星座の名前をかこう。
（　　　　　）

(3) (2)の星のならび方は、時こくとともに変わるかな、変わらないかな。
（　　　　　）

(4) ㋐～㋓の星の中で、赤っぽく見える星はどの星かな。記号で答えよう。
（　　　）

(5) (4)の星の名前をかこう。　（　　　　　）

**2** 生き物の秋と冬のようすをまとめました。秋のようすには「秋」、冬のようすには「冬」と答えよう。　50点（１つ10点）

(1)（　　　）ヒョウタンはどれもすっかりかれてしまったが、たくさんのたねができている。

(2)（　　　）イチョウの葉はすべて落ちてしまったが、えだには芽が残っている。

(3)（　　　）オオカマキリが、植物のくきにたまごを産んでいる。

(4)（　　　）サクラの葉が、赤くなっている。

(5)（　　　）ナナホシテントウが、落ち葉の下でじっとしている。

# 金ぞくのあたたまり方

| 月　日 | 時間10分 | 答え68ページ |
|---|---|---|
| 名前 | | /100点 |

**1** ろうをぬった金ぞくのぼうを熱したとき、金ぞくはどのようにあたたまっていくか調べました。下の図を見て、次の問いに答えよう。 ヒント 実験　60点（1つ20点）

①
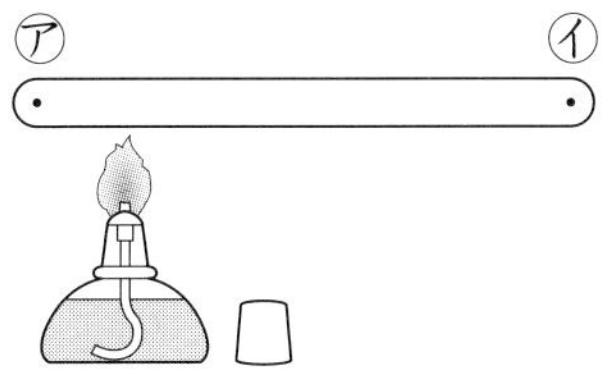


㋐のほうが㋑よりも、
｛ 速く・おそく ｝ あたたまる。

②
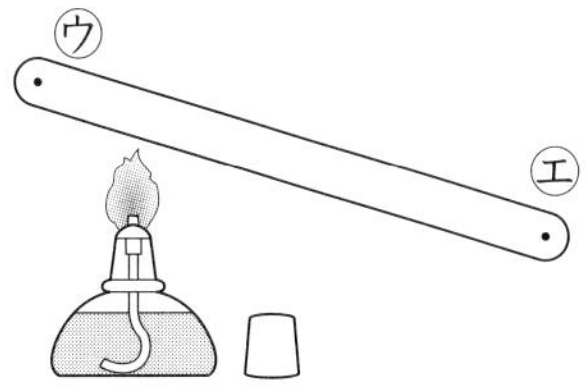


㋓のほうが㋒よりも、
｛ 速く・おそく ｝ あたたまる。

(1) 図の①、②で、｛　｝にあてはまる言葉を○で囲もう。

(2) (1)から、金ぞくのぼうはどのようにあたたまっていくのかな。正しいものに○をつけよう。

(　　)ぼうのはしから、順にあたたまっていく。
(　　)熱したところから、順にあたたまっていく。
(　　)ぼう全体が、同時にあたたまっていく。

ろうがとけていくようすを、しっかり観察しよう。

**2** ろうをぬった金ぞくの板の×の部分を熱しました。▨はろうがとけた部分を表しています。実験の結果で正しいのは、右の図の㋐～㋒のどれかな。記号で答えよう。 実験　20点

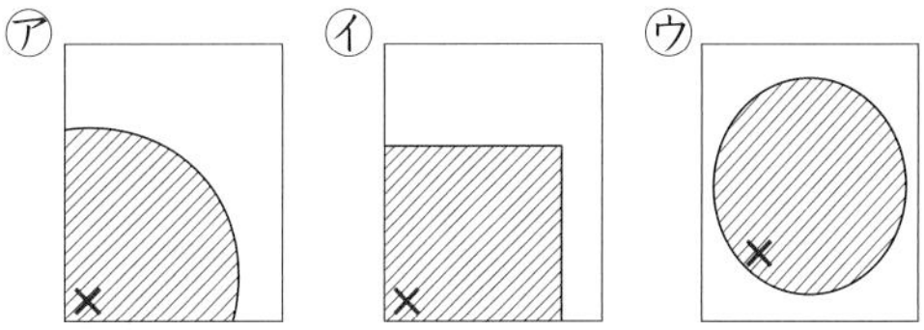


(　　)

20点(なぞりは点数なし)

**だいじなまとめ**

金ぞくは、熱した部分から順に( 熱 )が伝わって
｛ あたたまって・冷えて ｝ いく。

ヒント **1** 金ぞくに伝わる熱は、熱したところから順に広がります。

きほんのドリル

# 40 水のあたたまり方

13 もののあたたまり方

| 月 日 | 時間10分 | 答え68ページ |
| --- | --- | --- |
| 名前 | | /100点 |

**1** 示温インクを使って、水のあたたまるようすを観察しました。下の図を見て、次の文の｛ ｝にあてはまる言葉を○で囲もう。 実験　50点（1つ10点）

㋐ 底の部分を熱したとき

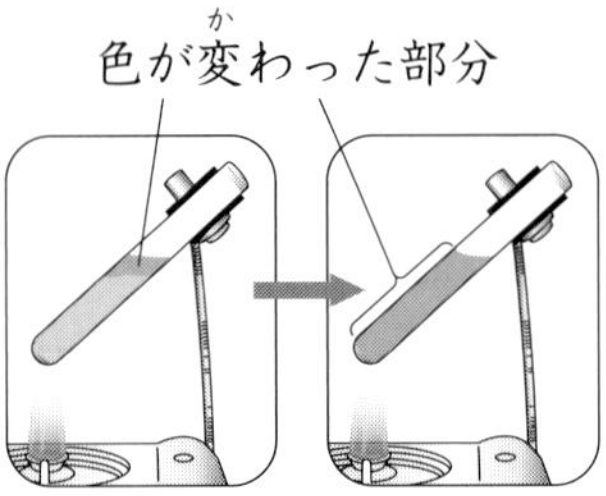


㋑ 水面近くを熱したとき

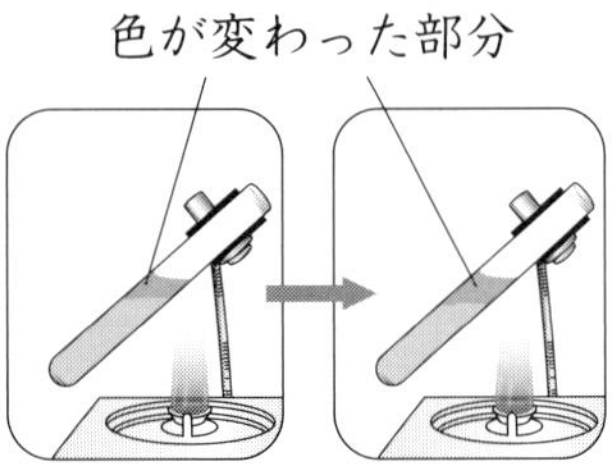


（試験管には、示温インクをまぜた水が入っている。）

(1) 底の部分を熱したとき、｛上・下｝のほうが先に色が変わり、その後、すぐに｛上・下｝のほうまで色が変わった。

(2) 水面近くを熱したとき、｛上・下｝のほうだけ色が変わり、｛上・下｝のほうはなかなか色が変わらなかった。

(3) ㋐と㋑では、水全体があたたまるのは｛㋐・㋑｝のほうが速い。

示温インクは、温度によって色が変わるよ。

**2** 次の問いに答えよう。また、□にあてはまる言葉を答えよう。　30点（1つ10点）

(1) 水と金ぞくでは、熱の伝わるようすは、同じかな、ちがうかな。

(2) 水は、あたためられた部分が、㋐□へ動いて、次々にあたたまっていき、㋑□□があたたまっていく。 ヒント

(1)

(2)㋐

㋑

20点（なぞりは点数なし）

**だいじなまとめ**

水を熱すると、あたたまった部分が｛上・下｝へ動き、全体が（あたたまる）。

ヒント **2** (2)「上」、「全体」から選んで答えましょう。

13 もののあたたまり方

# 空気のあたたまり方

月　日　時間10分　答え69ページ

名前

/100点

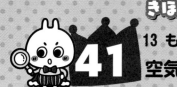

**1** 空気のあたたまり方を調べるため、ストーブで部屋(へや)をあたためました。下の図を見て、次の問いに答えよう。 ヒント　40点（1つ20点）

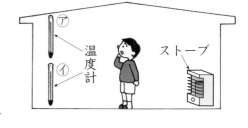

(1) 右の部屋で、上のほうと下のほうの空気の温度をはかりました。温度が高いのは、[ア]、[イ]のどちらかな。

（　　）

(2) ストーブであたためた部屋の空気は、どのように動いているかな。下の図の[ア]～[ウ]から選(えら)んで、記号で答えよう。（　　）

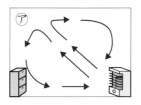

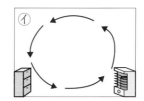

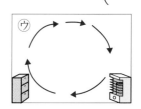

**2** 次の問いに答えよう。また、□にあてはまる言葉を答えよう。 ヒント　30点（1つ10点）

(1) 空気のあたたまり方は、金ぞくと水のどちらのあたたまり方ににているかな。

(2) ストーブをつけた部屋は、あたためられた□□が動き、部屋全体があたたまっていく。

(3) 空気の動きを調べるには、せんこうの□□□の動きを見る。

(1)

(2)

(3)

30点（1つ15点、なぞりは点数なし）

**だいじなまとめ**

ストーブをつけた部屋では、｛天じょう・ゆか｝のほうが｛天じょう・ゆか｝より空気の温度が高い。

（あたためられた空気）は、上へ動く。

ヒント
**1** あたためられた部分が上へ動くので、上のほうが速くあたたまります。
**2** 「空気」、「けむり」、「水」から選んで答えましょう。

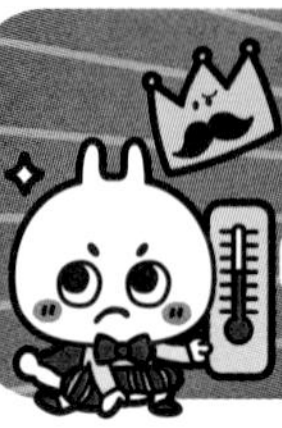

# 42 まとめのテスト

| 月　日 | 時間15分　答え69ページ |
|---|---|
| 名前 | /100点 |

**1** 金ぞくのぼうと水の入った試験管(しけんかん)を、下の図のようにあたためました。次の問いに答えよう。 [実験]　30点(1つ15点)

(1) 少しの時間あたためてから、㋐〜㋓のあたたかさをくらべました。あまりあたたかくなっていないところは、㋐〜㋓のどこかな。　(　　)

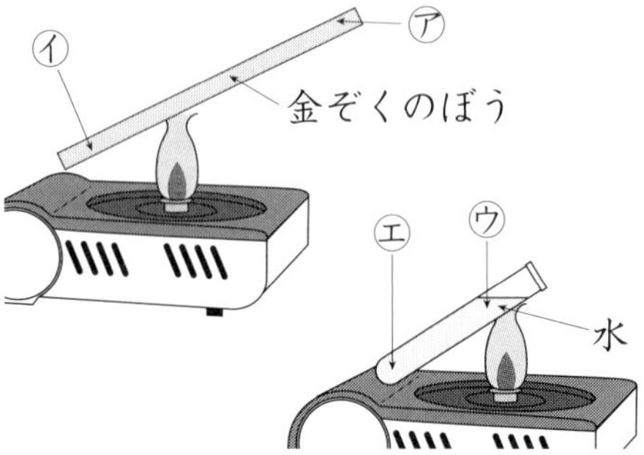


(2) (1)の金ぞくのあたたまり方を矢印(やじるし)で表しました。次の図で、正しいものに○をつけよう。

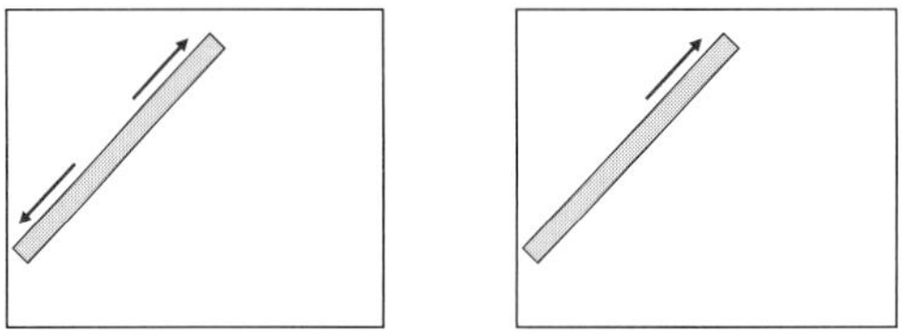

(　　)　　(　　)

**2** もののあたたまり方についてまとめました。(　)にあてはまる言葉を、下の[　]から選(えら)んで答えよう。同じ言葉をくり返して使ってもよいです。　70点(1つ10点)

(1) 金ぞくは、あたためられた部分から(　　　　)が伝(つた)わって、(　　　　)にあたたまっていく。

(2) あたためられた水は(　　　　)へ動き、水(　　　　)があたたまっていく。

(3) 空気は、あたためられた部分が(　　　　)へ動き、空気(　　　　)があたたまっていく。

(4) 空気のあたたまり方は、金ぞくと水のあたたまり方とくらべると、(　　　　)のあたたまり方ににている。

| | | | | | | | |
|---|---|---|---|---|---|---|---|
| 上 | 下 | 順(じゅん) | 熱 | 全体 | 金ぞく | 水 | 空気 |

## 43 14 水のすがた
## 水を熱したときの変化

**1** 下の図のそうちで、丸底フラスコに入れた水を熱しました。水の温度の変化のようすは、グラフのとおりです。次の問いに答えよう。 **実験**　60点（1つ15点）

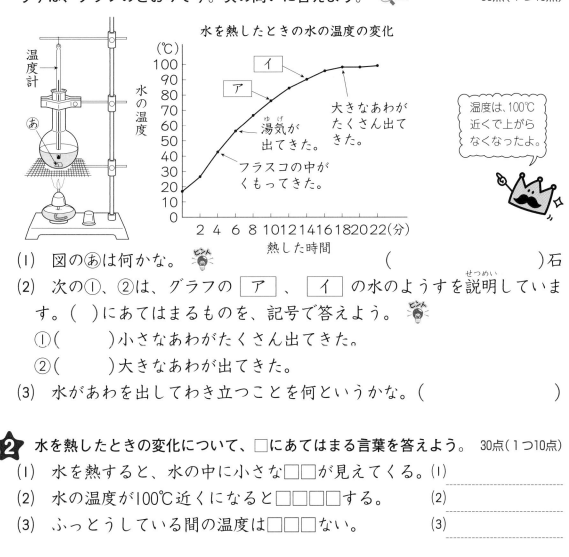

水を熱したときの水の温度の変化

温度は、100℃近くで上がらなくなったよ。

(1) 図のあは何かな。 **ヒント** （　　　　　）石

(2) 次の①、②は、グラフの ア 、 イ の水のようすを説明しています。（ ）にあてはまるものを、記号で答えよう。 **ヒント**

①（　　　）小さなあわがたくさん出てきた。

②（　　　）大きなあわが出てきた。

(3) 水があわを出してわき立つことを何というかな。（　　　　　　　）

**2** 水を熱したときの変化について、□にあてはまる言葉を答えよう。 30点（1つ10点）

(1) 水を熱すると、水の中に小さな□□が見えてくる。(1) _____

(2) 水の温度が100℃近くになると□□□□する。 (2) _____

(3) ふっとうしている間の温度は□□□ない。 (3) _____

10点（なぞりは点数なし）

だいじなまとめ 熱せられた水が { 100℃以上・100℃近く } になり、さかんにあわを出しながらわき立つことを（ ふっとう ）という。

 **ヒント** **1** (1)急に湯がわき立つのをふせぐために入れます。(2)じっさいに、自分で湯をわかしたときのことを思い出しましょう。

# 44 湯気やあわの正体

月　日　時間10分　答え69ページ
名前　　　/100点

**1** 湯気やあわについて調べるため、下の図のようなそうちで水を熱しました。次の問いに答えよう。[実験]　50点（1つ10点）

① ふくろは、初めはしぼませておく。

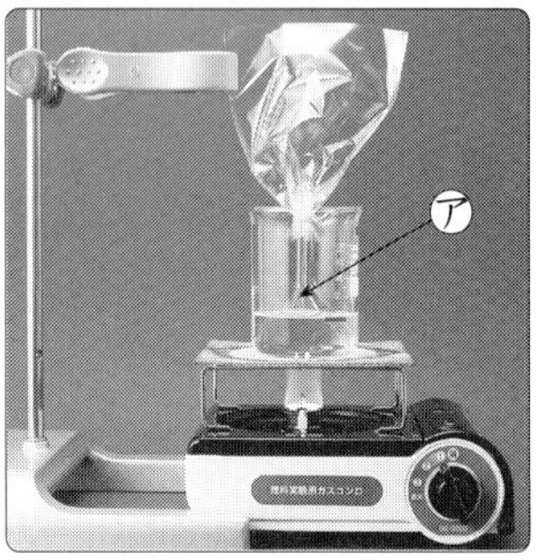


② ふっとうさせると、ふくろが［　　　］んだ。

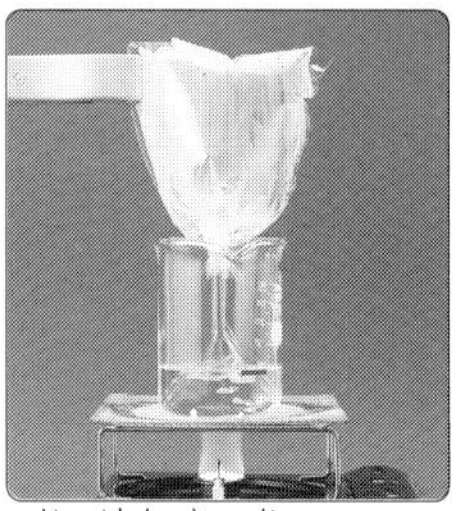

③ 熱するのをやめると、ふくろが［　　　］んだ。

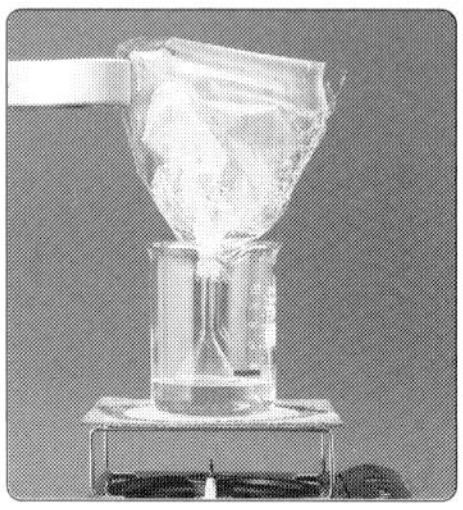

ふくろには、水がたまっていた。

(1) ①のビーカー中の実験器具㋐の名前は何かな。（　　　　）
(2) ②、③の［　　］にあてはまる言葉をかこう。
(3) 次の文の（　）にあてはまる言葉をかこう。
　① 水を熱して出てきたあわは、水が目に見えないすがたに変わったもので、（　　　　　　）という。
　② 水が①になることを（　　　　　）という。

**2** 湯気やあわについて、□にあてはまる言葉を答えよう。[ヒント]　30点（1つ10点）
(1) 水を熱すると、水□□□□になる。
(2) 水じょう気が冷やされて、目に見える水のつぶになった。このつぶを□□という。
(3) 水を熱し続けて、水が□□□□して、空気中に出ていくと、水はへる。

(1) ______
(2) ______
(3) ______

20点（1つ10点）

**だいじなまとめ**
水が水じょう気になることを（　　　　　　）という。
水じょう気が空気中で冷やされて、目に見える水のつぶになったものを（　　　　）という。

[ヒント] **2** 「湯気」、「じょう気」、「じょう発」から選んで答えましょう。

1 水の入った試験管(しけんかん)を冷やす実験(じっけん)をして、その結果(けっか)をグラフに表しました。これについて、次の問いに答えよう。 **実験**

50点(1つ10点)

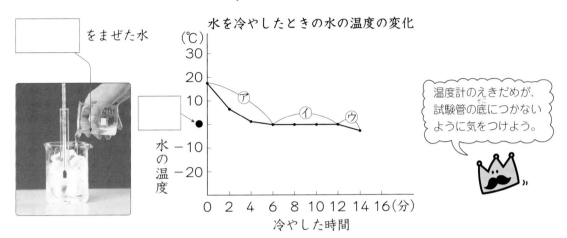

をまぜた水

水を冷やしたときの水の温度の変化

水の温度 (℃)

30
20
10
0
−10
−20

0 2 4 6 8 10 12 14 16(分)

冷やした時間

温度計のえきだめが、試験管の底(そこ)につかないように気をつけよう。

(1) 上の図の □ にあてはまる言葉や数字をかこう。

(2) 次の①～③は、グラフの⑦～⑨の水のようすを説明(せつめい)しています。( ）にあてはまるものを記号で答えよう。

①(　　　）全部氷になった。

②(　　　）全部水のままである。

③(　　　）水と氷の両方がある。

2 次の文は、水の体積(たいせき)の変化についてまとめたものです。正しいものには〇、まちがっているものには×をつけよう。

30点(1つ10点)

(1) 水をあたためると、体積は大きくなる。　(1)

(2) 水を冷やすと、体積は小さくなる。　(2)

(3) 水が氷になると、体積は小さくなる。　(3)

20点(1つ10点、なぞりは点数なし)

**だいじなまとめ** 水は、（　　　）℃になると、こおり始める。水を冷やしたとき、水がこおり始めてから全部こおるまでの温度は（　　　）℃である。水が氷になると、（ 体積 ）が大きくなる。

 1 (2)水がこおり始めてから、全部こおるまでの温度は同じです。

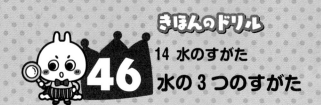

# 水の3つのすがた

| 月　日 | 時間10分 | 答え70ページ |
|---|---|---|
| 名前 | | /100点 |

**1** 水のすがたの変化をまとめました。下の図を見て、次の問いに答えよう。 💡

50点（1つ10点）

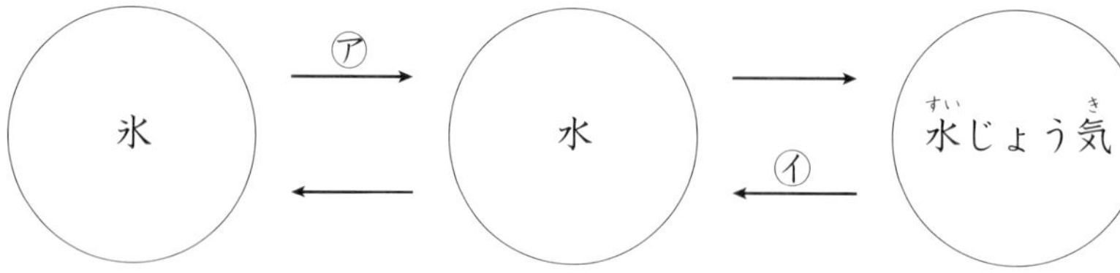


① ☐　② ☐　③ ☐

(1)　図の㋐、㋑は、水のすがたをどのようにすることを表しているかな。

㋐　氷を（　　　）して水にする。

㋑　水じょう気を（　　　　　）して水にする。

(2)　水は温度によって、氷、水、水じょう気と、すがたを変えます。水のすがたを表す言葉を、下の☐から選んで、図の①〜③の☐にかこう。

| 固体　　えき体　　気体 |
|---|

**2** 次の文の☐にあてはまる言葉を答えよう。 💡

30点（1つ10点）

(1)　水じょう気や空気のように、目に見えないすがたのことを☐☐という。

(2)　水やアルコールのように、よう器によって自由に形を変えられるすがたのことを☐☐☐という。

(3)　氷や鉄のように、かたまりになっていて、自由に形を変えられないすがたのことを☐☐という。

(1)＿＿＿＿＿
(2)＿＿＿＿＿
(3)＿＿＿＿＿

20点（1つ10点）

**だいじなまとめ**

水を冷やして0℃になると｛ふっとうする・こおる｝。また、水を熱して100℃に近づくと｛ふっとうする・こおる｝。

💡 **1** 熱したり、冷やしたりすると、水はすがたを変えます。
**2** 「固体」、「えき体」、「気体」から選んで答えましょう。

月　日　時間**15**分　答え**70**ページ

名前

/100点

**1** 水をわき立たせて、出てきたものを調べました。これについて、次の問いに答え
よう。　🔍実験　40点(1つ10点)

(1) 水がわき立つことを、何というかな。
（　　　　　　　　　）

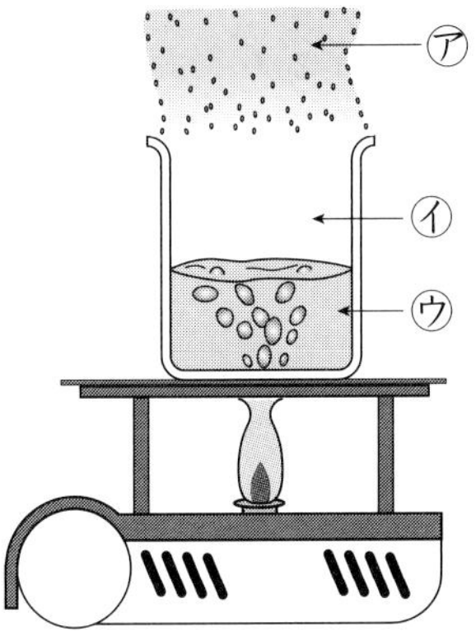

(2) 図の⑦～⑦は、水、湯気（ゆげ）、水じょう気（すいき）のどれ
かな。（　）にそれぞれあてはまる言葉をかこう。
⑦（　　　　　　　）
⑦（　　　　　　　）
⑦（　　　　　　　）

**2** 固体（こたい）、えき体（たい）、気体（きたい）について、次の問いに答えよう。　60点(1つ10点)

(1) 次の図の⑦～⑦は、固体、えき体、気体のどれかな。

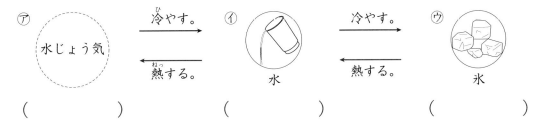

⑦　水じょう気　冷やす。→　←熱（ねっ）する。　⑦　水　冷やす。→　←熱する。　⑦　氷

（　　　　　）　　　（　　　　　）　　　（　　　　　）

(2) 次の身の回りのものは、固体、えき体、気体のどれかな。
① 空気、水じょう気　など　　　　　　（　　　　　　）
② 鉄、ガラス、氷　など　　　　　　　（　　　　　　）
③ サラダ油、石油、アルコール　など　（　　　　　　）

**48**

15 雨水のゆくえと地面のようす
# 地面のかたむきと水の流れ方

名前

/100点

**1** 地面を流れる雨水のようすについて、（　）にあてはまる言葉を下の □ から選んでかこう。

50点（1つ10点）

(1) 雨がふると、地面を水が（　　　　　　　　　　）ことがある。また、水が流れずに（　　　　　　　　　　　）こともある。

(2) 水が流れているところは、地面が（　　　　　　　　　　　　）。地面を流れる水は、（　　　　　）ところから（　　　　　）ところに向かって流れる。

| かたむいている　　たいらである　　たまっている　　流れている |
| :--- |
| 高い　　　低い　　　多い　　　少ない |

**2** 水の流れと地面のかたむきについて、観察をして調べました。次の問いに答えよう。　**実験**

30点（1つ15点）

(1) バットにビー玉を入れて、地面に置くと、図のようにビー玉が集まりました。地面が低いのは、①〜③のどちらのほうかな。

（　　　）

(2) 地面を水が流れる向きは、アの向きとイの向きのどちらかな。

（　　　）

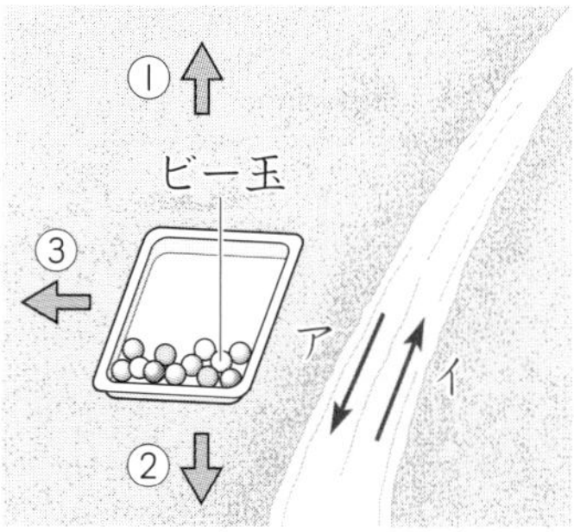

① ↑
ビー玉
③ ←
② ↓
ア　イ

20点（1つ10点、なぞりは点数なし）

**だいじなまとめ** 地面を流れる（ 水 ）は、{ 高い・低い } ところから { 高い・低い } ところに向かって流れる。

**49**

15 雨水のゆくえと地面のようす
**土のつぶの大きさと水のしみこみ方**

| | |
|---|---|
| 月　　日　時間**10**分　答え**71**ページ | |
| 名前 | |
| | /100点 |

**1** 地面を流れた水について、（　）にあてはまる言葉を下の□から選んで答えよう。
50点（1つ10点）

(1) 地面を流れる水は、（　　　　　）ところから（　　　　　）ところに流れる。

(2) 地面の低いところに流れた水が、水たまりになって
（　　　　　　　　　）ところと、
（　　　　　　　　　）ところがある。これは水のしみこみ方
が、土のつぶの（　　　　　）によってちがうからと考えられる。

> たまっている　　流れている　　なくなっている
> 高い　　低い　　多い　　少ない　　大きさ　　色

**2** 下の図のようなそうちを2つつくり、それぞれのそうちに校庭の土、すな場のすなを同じ量だけ入れた後、同じ量の水を注いで、水のしみこみ方にちがいがあるか、実験しました。次の問いに答えよう。　**実験**
30点（1つ15点）

校庭の土
（もう一方には
すな場のすな）

輪ゴム

ガーゼ

ペットボトルを
切って作ったもの

(1) 校庭の土のほうが、水がしみこむのに時間がかかりました。水がしみこみやすいのは、校庭の土、すな場のすなのどちらですか。
（　　　　　　　　　　　）

(2) すな場のすなのほうが、校庭の土より、つぶが大きいです。土のつぶの大きさが大きいほど、土に水がしみこみやすいといえますか。いえませんか。（　　　　　　　　　）

20点（1つ10点、なぞりは点数なし）

だいじな
まとめ

土のつぶの大きさによって、水のしみこみ方にちがいが
{ ある ・ ない }。土の（ つぶ ）の大きさが { 小さい ・
大きい } ほど、土に水がしみこみやすい。

## 50 まとめのテスト

**1** 雨水のゆくえと地面のようすについて調べました。次の文で、正しいものには〇、まちがっているものには×をつけよう。　　　　　　　　　　　50点（1つ10点）

（　　　）地面を流れる水は、高いところから低いところに向かって流れていた。

（　　　）水が地面を流れているところを観察すると、地面は水が流れるほうに向かって高くなっていた。

（　　　）水が地面の高いところに流れてたまっていた。

（　　　）土のつぶの大きさがちがっても、水のしみこみ方は変わらない。

（　　　）土のつぶの大きさが大きいほうが、土に水がしみこみやすい。

**2** 土の種類と水のしみこみ方について、次の問いに答えよう。　50点（1つ10点）

(1)　次の表は、校庭の土とじゃりを使って、水のしみこみ方を調べた結果をまとめたものです。（　）に言葉を入れて、表を完成させよう。

|  | 校庭の土 | じゃり |
|---|---|---|
| つぶの大きさ | （　　　　　　　　）つぶが多かった。 | （　　　　　　　　）つぶが多かった。 |
| 水のしみこみ方 | しみこむのに時間がかかった。 | しみこむのが速かった。 |

(2)　土の種類と水のしみこみ方について、次の文の（　）にあてはまる言葉を答えよう。

　　土の（　　　　　　）の大きさが（　　　　　　　）なるほど、土に（　　　）がしみこみやすくなる。

**1** 同じ量の水を入れた3つのよう器を、いろいろなところに置きました。2日後の水のようすは、下の図のようでした。これについて、次の問いに答えよう。 🔍実験

50点(1つ10点)

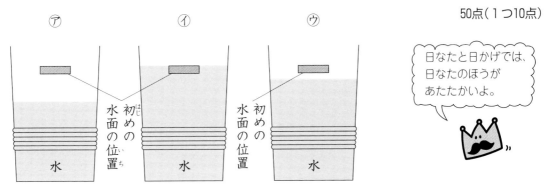

日なたと日かげでは、日なたのほうがあたたかいよ。

(1) 3つのよう器⑦～⑦は、どこにどのように置いたのかな。次の①～③からそれぞれ選んで、記号で答えよう。

①( )ふたをしないで日かげに置いた。

②( )ふたをしないで日なたに置いた。

③( )ふたをして日なたに置いた。

(2) 上の実験からわかったことをまとめました。次の文の( )にあてはまる言葉をかこう。

① 水は目に見えないすがたになって、( )中に出ていく。

② 置く場所があたたかいほうが、水が出ていく量が( )。

**2** 次の文の□にあてはまる言葉を答えよう。 💡

40点(1つ10点)

(1) 水は熱しなくても、空気中に□□いく。

(2) 水が空気中に出ていくことを□□□□という。

(3) しめった地面がかわくとき、地面から空気中へ□□□□□が出ている。

(4) コップにふたをしておくと、中の水はほとんど□□ない。

(1) _____

(2) _____

(3) _____

(4) _____

↰10点(なぞりは点数なし)

📝だいじなまとめ 水が空気中に( 水じょう気 )となって出ていくことを
{ ふっとう・じょう発 } という。

💡ヒント **2** 「水じょう気」、「へら」、「出て」、「じょう発」から選んで答えましょう。

# 52 16 水のゆくえ
## 結ろ

**1** 寒い日には、部屋のまどガラスの内側がくもることがあります。このようなことがなぜ起こるのかを調べるため、下のような実験をしました。次の問いに答えよう。

**実験** 50点（1つ10点）

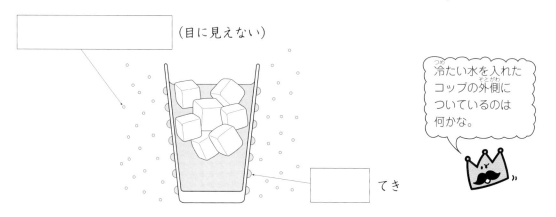

（目に見えない）

冷たい水を入れたコップの外側についているのは何かな。

てき

(1) 図の中の [ ] にあてはまる言葉をかこう。

(2) コップの外側に水てきがつくわけを考えました。次の文の（　）にあてはまる言葉をかこう。

① 空気中の（　　　　　　　　　　）が、氷水で冷たくなったコップに冷やされて水となり、コップの外側に（　　　　　）からである。

② このようなことを（　　　　　　）という。

**2** 次の問いに答えよう。また、□にあてはまる言葉を答えよう。　　30点（1つ10点）

(1) 水じょう気は、目に見えるかな、見えないかな。

(2) 冷たいものに空気中の水じょう気がふれて、水てきがつくことを何というかな。

(3) 水じょう気は、冷やされると□になる。

(1)
_____

(2)
_____

(3)
_____

20点（1つ10点、なぞりは点数なし）

**だいじなまとめ** 目に見えない ｛ 水じょう気・空気 ｝ が、氷水で冷えたコップに ｛ あたためられて・冷やされて ｝ 水となり、コップの外側につく。これを（ 結ろ ）という。

  **1** (2)寒い日の朝、家のまどガラスがぬれているのも、同じようなことです。

**1** 雨がふった後の地面が、いつの間にかかわくわけを調べるために、下のような実験をしました。（　）にあてはまる言葉を答えよう。　実験　60点（1つ15点）

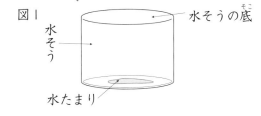

図1　水そうの底　水そう　水たまり

(1)　右の図1のようにして、数時間水たまりにかぶせて置いた水そうの内側は（　　　　　　　　　）ている。

(2)　右の図2のように、コップに水を入れて数日間置いておくと、水がへった。へった水は、（　　　　）中に出ていった。

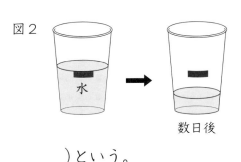

図2　水　→　数日後

(3)　(1)、(2)のように、水が（　　　　　　　　　）に変わり、空気中へ出ていくことを（　　　　　　　）という。

**2** 空気を入れたポリエチレンのふくろを、氷水につけました。これについて、次の問いに答えよう。　実験　40点（1つ20点）

(1)　しばらくしてから取り出すと、ふくろの内側に何がついているかな。　（　　　　）のつぶ

(2)　(1)のようなことが起こるのはなぜかな。正しいものに○をつけよう。

（　　　）氷水が、ふくろの中にしみこんだ。

（　　　）ふくろの中の水じょう気が冷やされて、水のつぶになってふくろについた。

（　　　）氷水がじょう発して、ふくろに入った。

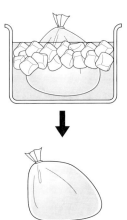

# 生き物の1年間の観察

| 月　日 | 時間10分 | 答え72ページ |
|---|---|---|
| 名前 | | /100点 |

**1** 1年間観察してきたサクラのようすをまとめました。下の図の㋐～㋓にあてはまる言葉を、下の［　］から選（えら）んで答えよう。同じ言葉をくり返して使ってもよいです。 [実験]　40点（1つ10点）

| 春 | 夏 | 秋 | 冬 |
|---|---|---|---|
| 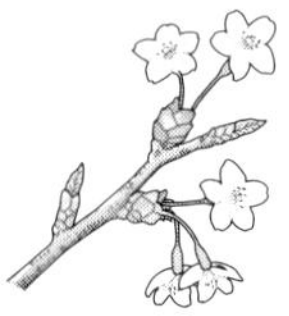 |  |  | 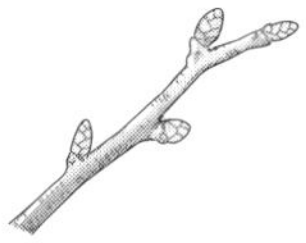 |
| （ ㋐ ）がさいた。 | えだがのびて、（ ㋑ ）がしげった。 | （ ㋒ ）の色が変（か）わった。 | 葉がかれ落ちて、えだには（ ㋓ ）だけになった。 |

| 葉　芽（め）　花 |
|---|

次の1年も、観察を続（つづ）けて記録（きろく）をつけていくんだよ。

㋐（　　　）　㋑（　　　）　㋒（　　　）　㋓（　　　）

**2** 次の□にあてはまる言葉を、［　］から選んで答えよう。　40点（1つ10点）

(1) 春にくらべて夏は、
　①植物が□□く成長（せいちょう）する。
　②動物の活動が□□になる。
(2) 寒い季節（きせつ）になると、
　①植物は実の中に□□を残（のこ）してかれる。
　②動物は活動がにぶくなったり、□□□のじゅんびをしたりする。

(1)①
②
(2)①
②

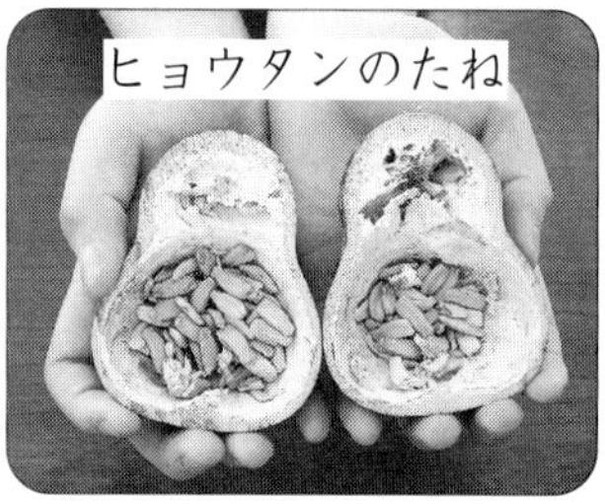
ヒョウタンのたね

オオカマキリのたまご

| 小さ　大き　冬ごし　たね　活発　低調 |
|---|

20点（なぞりは点数なし）

**だいじなまとめ**
生き物のようすは、（ 季節 ）がすぎていくとともに（　　　　）する。

# 55 まとめのテスト

月　日　時間15分　答え72ページ

名前

/100点

**1** 1年間観察(かんさつ)した生き物のようすをまとめました。下の図を見て、次の問いに答えよう。　60点(1つ10点)

㋐じっとしている。

㋑えさを運んでいる。

㋒たまごを産(う)んでいる。

㋓サクラの花のみつをすっている。

(1) 次の①～④の季節(きせつ)に主に見られるのは、㋐～㋓のどれかな。記号で答えよう。

①春(　　)　②夏(　　)　③秋(　　)　④冬(　　)

(2) 次の生き物は、㋐～㋓のどれかな。記号で答えよう。

ナナホシテントウ(　　)　オオカマキリ(　　)

**2** 1年間、ヒョウタンを観察しました。次の問いに答えよう。　40点(1つ10点)

(1) 下の㋐～㋓を、あてはまる季節に記号で答えよう。

春(　　)　夏(　　)　秋(　　)　冬(　　)

㋐

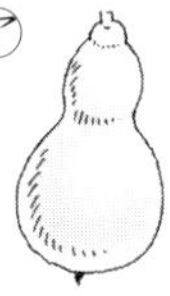

㋑

㋒

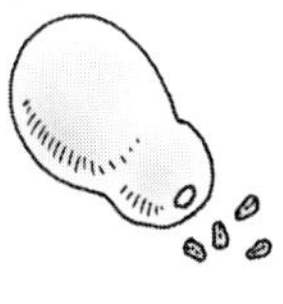

㋓

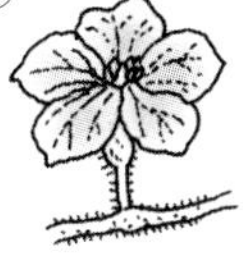

㋐ くきがのびなくなり、実が大きくなった。

㋑ 土にまいたたねから、芽(め)が出てきた。

㋒ 葉もくきもかれて、実の中にたねが残(のこ)っていた。

㋓ くきがよくのび、葉がふえ、花がさいた。

## 付録　論理パズル　　　　　　　　　　(p.1)

❶ 下の図①〜③のようにかん電池2個を、どう線でモーターにつなぎます。下の図の（　）にあてはまる言葉を、下の◻︎◻︎◻︎から選んで記号でかこう。また、①〜③をあてはまる◻︎にかこう。

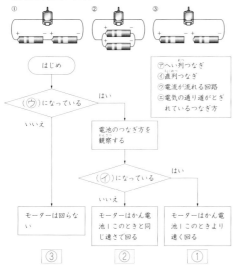

```
          はじめ
            │
            ▼
  ┌──────────────────┐
  │（ ウ ）になっている │───はい──┐
  └──────────────────┘          │
       │いいえ                   ▼
       │                ┌─────────────┐
       │                │電池のつなぎ方を │
       │                │観察する        │
       │                └─────────────┘
       │                        │
       │                        ▼
       │              ┌──────────────────┐
       │              │（ イ ）になっている │──はい──┐
       │              └──────────────────┘         │
       │                   │いいえ                  │
       ▼                   ▼                        ▼
  ┌────────┐      ┌──────────────┐      ┌──────────────┐
  │モーターは│      │モーターはかん電 │      │モーターはかん電 │
  │回らな   │      │池1このときと同 │      │池1このときより │
  │い       │      │じ速さで回る     │      │速く回る         │
  └────────┘      └──────────────┘      └──────────────┘
      │                   │                      │
     ③                   ②                      ①
```

㋐へい列つなぎ
㋑直列つなぎ
㋒電流が流れる回路
㋓電気の通り道がとぎれているつなぎ方

**考え方** ❶ かん電池のつなぎ方、回路がつながっているかを問う問題です。モーターがどのようになるかから、（　）にあてはまる言葉を考えます。

## 付録　お話クイズ　　　　　　　　　　(p.2)

❶ ドリル王子がかいた次の文章を読んで、問題に答えよう。

天気と1日の気温の変化について、調べてみたよ。

晴れの日と、くもりや雨の日に、昼間の気温を同じ場所で約1時間ごとにはかったよ。気温は、風通しのよい場所で、地面から1.2〜1.5mのところではかったよ。

結果は、右のグラフのようになったよ。グラフの㋐は晴れの日で、㋑はくもりや雨の日だよ。

天気によって、1日の気温の変化のしかたにちがいがあることが、わかったよ。また、晴れの日は気温の変化が大きく、くもりや雨の日は気温の変化が小さいことがわかったよ。

（グラフ：1日の気温の変化、㋐5月10日、㋑5月15日）

(1) ドリル王子は、気温を約何時間ごとにはかったかな。
（ 約1時間 ）

(2) ドリル王子は、気温をどんな場所ではかったかな。文章中から8文字でぬき出して答えよう。
（ 風通しのよい場所 ）

(3) 1日の気温の変化のしかたは、晴れの日と、くもりや雨の日でそれぞれどうちがいますか。次の（　）にあてはまる言葉を答えよう。
晴れの日は、気温の変化が（ 大きい ）。
くもりや雨の日は、気温の変化が（ 小さい ）。

**考え方** ❶ (1)、(2)観察の方法については2だん落目にあります。(3)答えとなる内容は、4だん落目の観察のまとめや図から読み取ります。

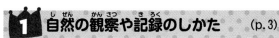

## 1 自然の観察や記録のしかた (p.3)

 1年間続けて、サクラを観察することにしました。次の問いに答えよう。

『サクラ』足立美和
●4月10日 晴れ 午前10時
① 15℃
●観察した ② 校庭
● ③ したことをかく。

(1) 左の観察カードのかき方の図の ☐ にあてはまる言葉をかこう。

① 気温
② 場所
③ 観察

1年間の観察のしかた
・観察していく生き物を決める。
・どんなことを調べるかを決める。
・観察する場所を決める。
・いっしょに記録することを決める。
（天気、気温など）

(2) 気温のはかり方で、正しいものに○をつけよう。

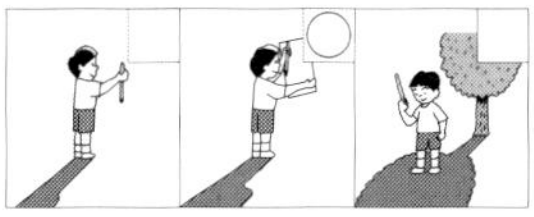

 温度計の使い方について、☐にあてはまる言葉を答えよう。

(1) 自然の観察では、天気や気温を記録する。

(1) 気温

(2) 目もりを読むには、温度計と□角になるように見る。

(2) 直

※なぞって覚えよう。

（気温）をはかるには{体温計・温度計}を使って、温度計に日光がちょくせつ{当たらない・当たる}ようにしてはかる。

**考え方** ❶ 気温をはかるときには、温度計のえきだめに、ちょくせつ日光が当たらないようにします。体や紙などでかげをつくってはかります。

## 2 春の動物や植物 (p.4)

 下の図を見て、次の問いに答えよう。

①
②

（ナナホシテントウ） （ ツバメ ）

(1) ①、②の生き物の名前を図の（ ）に、下の ☐ から選んで答えよう。

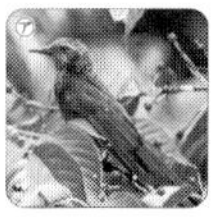

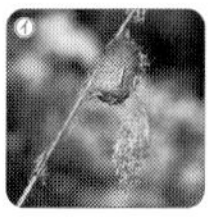

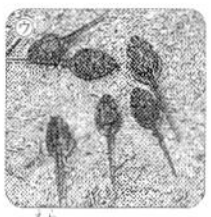

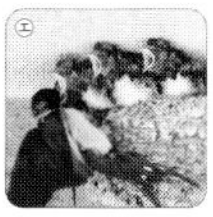

オオカマキリ ナナホシテントウ ツバメ ヒヨドリ

(2) ①、②の生き物は何をしているか（ ）にあてはまる言葉をかこう。
① （ たまご ）を産みつけているところ。
② ひなに（ えさ ）をあたえているところ。

 ビニルポットにヘチマのたねをまきます。次の問いに答えよう。

(1) 右の図の①、②の ☐ にあてはまる言葉をかこう。

① たね
② 土
③

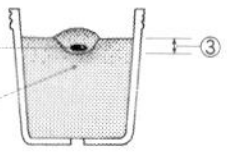

(2) たねをまく深さ（図の③）は、いくらにすればよいかな。次の⑦〜⑦から選んで、記号で答えよう。（⑦）

⑦約1cm ⑦約10cm ⑦約15cm

生き物のようすを{観察・記録}した結果を{観察・記録}して、季節による変化を調べる。（春）には、植物が花をさかせたり、動物が活動を始めたりする。

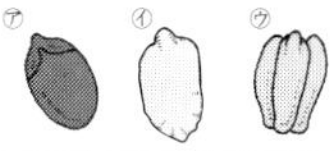

**考え方** ❶ ツバメは、春になると南方から日本へやってくるわたり鳥です。日本にやってきたツバメは、まず巣をつくり、たまごを産んで、ひなを育てます。

## 3 まとめのテスト (p.5)

 下の図の⑦〜⑦は、春に見られる生き物です。これを見て、次の問いに答えよう。

(1) ⑦〜⑦の生き物を、下の ☐ から選んで、番号で答えよう。
⑦（④） ⑦（②） ⑦（③） ⑦（⑤）

①ナナホシテントウ ②オオカマキリ ③おたまじゃくし
④ヒヨドリ ⑤ツバメ ⑥クロオオアリ

(2) ⑦の親鳥は、何をしているのかな。
（ ひなにえさをあたえている。 ）

 下の図の①〜③は、ヘチマ、ヒョウタン、ツルレイシのどれかの植物です。これを見て、次の問いに答えよう。

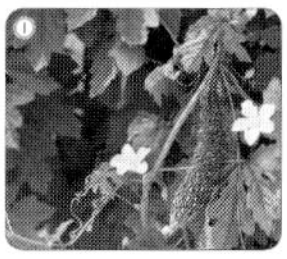

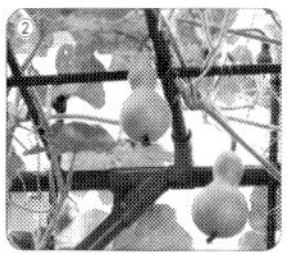

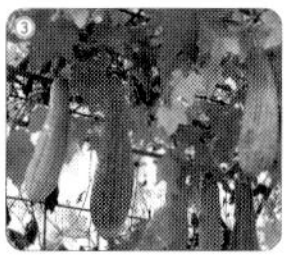

(1) ①〜③の植物の名前をかこう。
① ツルレイシ ② ヒョウタン ③ ヘチマ

(2) ①〜③の植物のたねは、右の図の⑦〜⑦のそれぞれどれかな。記号で答えよう。

①（ ⑦ ）②（ ⑦ ）③（ ⑦ ）

**考え方** ❷ ヒョウタン、ヘチマ、ツルレイシは、育ち方がにています。たねから実になり、かれるまで、観察を続けます。ツルレイシは、にがうりともゴーヤともよばれます。

## 4 天気と気温の調べ方 (p.6)

 天気の決め方について、（ ）にあてはまる言葉を、下の ☐ から選んで答えよう。
(1) 雲があっても青空が見えているときを、（ 晴れ ）という。
(2) 雲が広がって、青空がほとんど見えないときを、（ くもり ）という。

晴れ くもり 雨

 下の図は、気温をはかるときのようすを表しています。次の文の（ ）にあてはまる言葉を、下の ☐ から選んで答えよう。

(1) 空気の温度を（ 気温 ）という。
(2) 気温は、（ 風通し ）のよいところではかる。
(3) 地面から（ 1.2〜1.5 ）mの高さではかる。
(4) 温度計にちょくせつ（ 日光 ）が当たらないように、紙や板などで（ 日かげ ）をつくる。

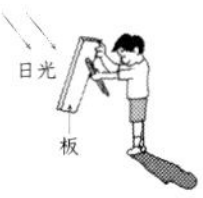

日光 日かげ 風通し 気温 0.2〜0.5 1.2〜1.5

 下の図のうち、温度計の使い方として正しいほうに○をつけよう。

（ ） （ ○ ）

（気温）は、風通しのよい場所ではかる。温度計にちょくせつ日光が当たらないように、紙などで{日かげ・日なた}をつくってはかる。

**考え方** ❷ 気温は、風通しのよい場所で地面からの高さが1.2〜1.5mのところではかります。そのとき、温度計に、日光がちょくせつ当たらないようにします。

右上につづく➡

# 5 天気による気温の変化 (p.7)

⭐1 晴れの日と、くもりや雨の日の、1日の気温の変化をグラフに表しました。次の問いに答えよう。

(1) 右のようなグラフを何というかな。
( 折れ線 )グラフ

(2) くもりや雨の日のグラフは、㋐、㋑のどちらかな。記号で答えよう。( ㋑ )

(3) 5月10日の午後3時の気温は何℃かな。( 25℃ )

(4) 5月15日の午前9時から午後4時までの間で、気温がいちばん低いのは何時かな。( 午前9時 )

(5) 1日の気温の変化が大きいのは、㋐、㋑のどちらかな。記号で答えよう。( ㋐ )

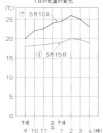

1日の気温の変化
㋐ 5月10日
㋑ 5月15日
午前 9 10 11 正午 午後 1 2 3 4(時)

⭐2 1日の気温の変化の折れ線グラフについて、□にあてはまる言葉を答えよう。

(1) くもりや雨の日は、晴れの日にくらべて1日の気温の変化が□い。
(1) 小さ

(2) グラフの横のじくに、□□をとる。
(2) 時こく

(3) グラフのたてのじくに、□□をとる。
(3) 気温

> だいじなまとめ
> 晴れの日は、気温の変化が { 大きい ・ 小さい } が、くもりや雨の日は、気温の変化が { 大きい ・ 小さい }。1日の( 気温の変化 )は、天気によってちがいがある。

考え方 ⭐1 晴れの日と、くもりや雨の日の、1日の気温の変化を、折れ線グラフに表してくらべます。(5)晴れの日は気温の変化が大きく、くもりや雨の日は気温の変化は小さくなります。

---

# 6 まとめのテスト (p.8)

1 気温のはかり方について説明している次の文で、( )にあてはまる言葉を答えよう。

(1) 気温は、地面から1.2～1.5mの高さで、( 風通し )のよい日かげではかる。

(2) 温度計に、( 日光 )がちょくせつ当たらないようにしてはかる。

2 1日の気温の変化について、次の文の( )にあてはまる言葉を、下の□から選んで答えよう。

(1) 1日の気温は、昼間は( 高 )く、夜は( 低 )くなる。

(2) 晴れ、くもりなど、( 天気 )によって、1日の気温の変化のしかたには、ちがいがある。

(3) 1日の気温の変化を折れ線グラフに表す。
① グラフの横じくに( 時こく )をとる。
② グラフのたてじくに( 気温 )をとる。

(4) ( 晴れの日 )はくもりの日よりも気温の変化が大きい。

| 天気 | 気温 | 時こく | 高 | 低 | 晴れの日 |

> はってん 右の図を見て、( )にあてはまる言葉を答えよう。
> (1) 太陽の高さは、( 正午 )ごろにいちばん高くなり、気温は、( 午後2時 )ごろにいちばん高くなっている。
> (2) 気温は、夕方をすぎるとだんだん下がっていき、( 日の出 )の少し後にいちばん低くなっている。

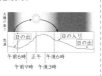
日の出 日の入り 日の出
午前6時 正午 午後6時
午前9時 午後3時

考え方 2 晴れの日は気温の変化が大きく、くもりや雨の日は変化が小さいです。はってん 太陽の高さは、正午ごろがいちばん高くなります。気温がいちばん高くなるのは午後2時ごろです。

---

# 7 モーターの回る向き (p.9)

⭐1 下の図を見て、次の問いに答えよう。

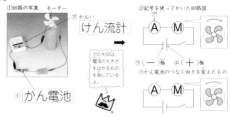

①回路の写真 モーター
けん流計
㋐かん電池

②記号を使ってかいた回路図
A M
㋒(ー)極 ㋓(＋)極
㋔かん電池のつなぐ向きを変えたもの
A M

㋐の矢印は、電流の大きさをはかるものを指しているよ。

(1) 図①の㋐、㋑の □ にあてはまる言葉をかこう。

(2) 図②の㋒、㋓の( )にあてはまる記号をかこう。

(3) 図③は、図②のかん電池のつなぐ向きを変えたものです。モーターの回る向きを矢印で図にかきこもう。

⭐2 次の□にあてはまる言葉を答えよう。

(1) 電気の流れる道すじを□□という。
(1) 回路

(2) かん電池のつなぐ向きを変えると、□□の向きが変わる。
(2) 電流

(3) かんい□□□□を使うと、電流の大きさや向きがわかる。
(3) けん流計

> だいじなまとめ
> かん電池のつなぐ向きを変えると、回路に流れる電流の向きが { 変わり ・ 変わらず } モーターの回る向きが { 変わる ・ 変わらない }。

考え方 ⭐1 (3)かん電池のつなぐ向きを変えると、電流の向きが変わり、モーターの回る向きが変わります。⭐2 (1)電気の流れる道すじを回路といいます。

---

# 8 直列・へい列つなぎ (p.10)

⭐1 右の図を見て、次の文の( )にあてはまる言葉を答えよう。

(1) 図①のように、かん電池の＋極と別のかん電池の－極がつながるつなぎ方を、( 直列 )つなぎという。回路に流れる電流の大きさが、かん電池1このときより( 大き )くなり、モーターが( 速 )く回る。

(2) 図②のように、かん電池の同じ極どうしがつながっているつなぎ方を、( へい列 )つなぎという。回路に流れる電流の大きさが、かん電池1このときと( 変わ )らず、モーターの回る速さもかん電池1このときと( 変わ )らない。

①

②

モーターのかわりに豆電球も使ってみよう。

⭐2 次の問いに答えよう。

(1) 豆電球をかん電池2こでつなぐとき、かん電池1このときより明るくなるつなぎ方を何つなぎというかな。
(1) 直列つなぎ

(2) 豆電球をかん電池2こでつなぐとき、かん電池1このときと明るさが変わらないつなぎ方を何つなぎというかな。
(2) へい列つなぎ

> だいじなまとめ
> かん電池1このときよりモーターを速く回すには、かん電池2こを { 直列 ・ へい列 } つなぎにする。{ 直列 ・ へい列 } つなぎでは、モーターがかん電池1このときと同じ速さで回る。

考え方 ⭐1 かん電池2こを、直列つなぎとへい列つなぎにしたとき、電流の大きさや、モーターの回る速さなどをかん電池1このときとくらべます。

右上につづく↑

## ⑨ まとめのテスト1 (p.11)

**1** 下の図を見て、①～⑧の（　）にあてはまる言葉を答えよう。

| かん電池の つなぎ方 | 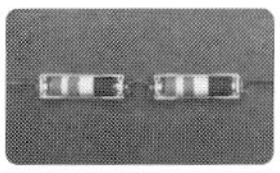 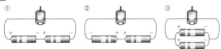① （直列）つなぎ |  ② （へい列）つなぎ |
|---|---|---|
| モーターの 回る速さ | ③ かん電池1このとき とくらべると、（ 速 ）い。 | ④ かん電池1このとき とくらべると、（ 変わらな ）い。 |
| 電流の 大きさ | ⑤ かん電池1このとき とくらべると、（ 大き ）い。 | ⑥ かん電池1このとき とくらべると、（ 変わらな ）い。 |
| 豆電球の 明るさ | ⑦ かん電池1このとき とくらべると、（ 明る ）い。 | ⑧ かん電池1このとき とくらべると、（ 変わらな ）い。 |

**2** 次の問いに答えよう。
(1) かん電池、豆電球(またはモーター)、けん流計、どう線などをつないだ電流が流れる道すじを何というかな。　（ 回路 ）
(2) かんいけん流計に、かん電池だけをつなぐと、どうなるかな。
（ かんいけん流計がこわれる。 ）

**考え方 1** かん電池の直列つなぎとへい列つなぎについて、モーターの回る速さ、電流の大きさ、豆電球の明るさなど、かん電池1このときのようすとくらべます。

## ⑩ まとめのテスト2 (p.12)

**1** 下の図を見て、次の問いに答えよう。

①　②　③

(1) ①～③で、モーターが回るものには○、回らないものには×をつけよう。　①（ ○ ）②（ × ）③（ ○ ）
(2) ①～③で、モーターがいちばん速く回るのはどれかな。番号で答えよう。　（ ① ）

**2** かんいけん流計の使い方についてまとめました。次の文の（　）にあてはまる言葉を、下の　から選んで、記号で答えよう。 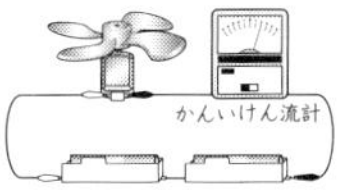
(1) かんいけん流計を使うと、電流の（ イ ）や（ ウ ）を調べることができる。
(2) （ オ ）の大きさによって、スイッチを切りかえる。
(3) かんいけん流計は、（ ア ）なところに置いて使う。

⑦水平　⑦向き　⑦大きさ　⑥長さ　⑦電流

**3** かん電池について、（　）にあてはまる言葉を答えよう。
(1) かん電池の＋極と別のかん電池の－極が次々につながり、回路が1つの輪になっているつなぎ方を（ 直列 ）つなぎという。
(2) かん電池の＋極どうし、－極どうしがつながり、回路がとちゅうで分かれているつなぎ方を（ へい列 ）つなぎという。

**考え方 1** (1)2この電池を直列つなぎにするときは、電池の＋極と別のかん電池の－極がつながるようにしなければなりません。②は電流が流れません。

## ⑪ 夏の動物や植物 (p.13)

**1** 次の文で、夏のようすを表しているものには○、まちがっているものには×をつけよう。
(1) オオカマキリのたまごが草についていた。　(1)　×
(2) アブラゼミの成虫が鳴いていた。　(2)　○
(3) ナナホシテントウの成虫が葉の上にいた。　(3)　○
(4) サクラの花はすべて散っていて、緑色の葉がたくさんついていた。　(4)　○

**2** 夏の初めの、ヘチマの成長のようすを調べました。下の図を見て、次の問いに答えよう。

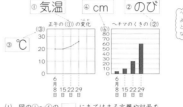

① 気温　④ cm　② のび　③ ℃

ヘチマなどの植物のようすは、これからどうなっていくのかな。

cm
℃
気温
のび

(1) 図の①～④の　　にあてはまる言葉や記号を、右の　　から選んで答えよう。
(2) 夏になると、春にくらべてくきののびはどうなるかな。
（ よくのびる。(長くなる。) ）

**だいじなまとめ** 多くの植物の夏のようすは春にくらべて、くきがよく{ のび ・ちぢみ }、葉がふえる。また、（ 動物 ）が活発に活動する。

**考え方 1** (3)ナナホシテントウの成虫のようすは、春にも夏にもあてはまります。**2** 夏になると、ヘチマ、ヒョウタン、ツルレイシなどは大きく成長します。

## ⑫ まとめのテスト (p.14)

**1** 夏の生き物のようすについて、{　}にあてはまる言葉を選ぼう。
サクラは、花が{ さいく ・散っく }、葉が{ たくさん ・少し }ついている。

**2** 下のナナホシテントウの図を見て、次の問いに答えよう。

(1) 右の図の①～③を、育つ順に、番号でならべかえよう。
（ ② → ① → ③ ）
(2) ①～③のころをそれぞれ何というかな。①（ さなぎ ）②（ よう虫 ）③（ 成虫 ）

**3** 夏のヒョウタンのようすについて、次の問いに答えよう。 
(1) 春とくらべて、葉の数はどうなったかな。正しいものに○をつけよう。
（　）葉の数はへった。
（○）葉の数はふえた。
（　）葉の数は変わらない。
(2) 春とくらべて、くきののび方はどうなったかな。正しいものに○をつけよう。
（　）のび方は小さくなった。
（○）のび方は大きくなった。
（　）のび方は変わらない。

**考え方 2** ナナホシテントウの育ち方は、たまご→よう虫→さなぎ→成虫。

右上につづく

## 13 夏の星 (p.15)

**1** 7月のある日の午後9時ごろ、夏の大三角を見つけました。これについて、次の問いに答えよう。

(1) 右の図の㋐～㋒の星の名前を、下の□から選んで答えよう。

㋐( ベガ )
㋑( デネブ )
㋒( アルタイル )

㋐、㋒は、七夕の話に出てくる「おりひめ星」「ひこ星」のことだよ。

| | |
|---|---|
| アルタイル | ベガ |
| アンタレス | デネブ |

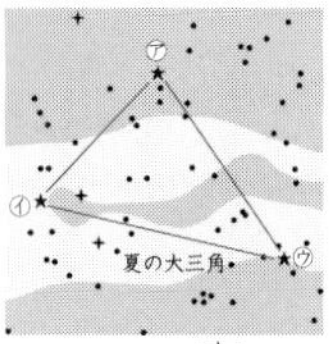

㋐
㋑
㋒
夏の大三角


(2) 夏の大三角は、どの方位の空に見えるかな。 ( 東 )

(3) ㋐～㋒の星は、何等星かな。 ( 1等星 )

**2** 次の問いに答えよう。また、□にあてはまる言葉を答えよう。

(1) 「七夕」のひこ星は㋐□□□□□、おりひめ星は㋑□□である。 (1)㋐ アルタイル ㋑ ベガ

(2) ベガ、デネブ、アルタイルの3つの星をつないだ三角形を何というかな。 (2) 夏の大三角

(3) 次の文で、正しいものはどれかな。記号で答えよう。 (3) ㋐

㋐ デネブは、はくちょう座の星である。
㋑ ベガは、わし座の星である。
㋒ アルタイルは、こと座の星である。

**だいじなまとめ** 夏の東の空に見られる、明るい3つの星をつないでできる三角形を、{星の三角形・[夏の大三角]}という。その3つの星は(ベガ)、(デネブ)、(アルタイル)である。

**考え方** **1** 夏の大三角は、夏の東の空に見える、3つの1等星を結んでできる三角形のことです。ベガ(こと座)、デネブ(はくちょう座)、アルタイル(わし座)でできています。

## 14 星の明るさや色 (p.16)

**1** 次の問いに答えよう。

(1) 右の道具は、星や星座をさがすときに使います。何という名前かな。 ( 星座早見 )

(2) 右の図は、この道具を使って夜空の星を調べているところです。どの方位の空を調べているのかな。 ( 東 )

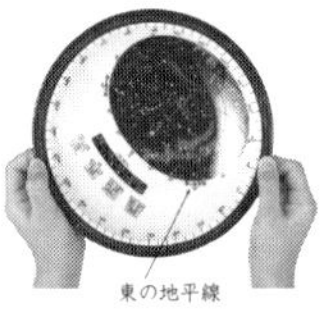
東の地平線

**2** 次の文で、正しいもの2つに○をつけよう。

( ◯ ) 1等星は3等星より明るい。
(　) さそり座のアンタレスは、白っぽい星である。
(　) 星はすべて同じ明るさで光っている。
( ◯ ) 星によって、色にちがいがある。

**3** 次の問いに答えよう。

(1) さそり座にある赤っぽい星を何というかな。 (1) アンタレス

(2) 昔の人は、星の集まりを動物や道具に見立てて名前をつけました。これを何というかな。 (2) 星座

(3) (1)の星は、何等星かな。 (3) 1等星

星の色のちがいは、表面の温度に関係しているよ。

**だいじなまとめ** 星の明るさや色は、星によって{[ちがう]・ちがわない}。{[明るい]・暗い}星から、1等星、2等星、3等星、…と分けられる。

**考え方** **1** 星座早見は、見ようとする方位を下にして持ち上げて使います。この図では、「東」が下になっているので、見ようとする方位は、東であることがわかります。

## 15 まとめのテスト (p.17)

**1** 7月のある日の午後9時ごろ、空を見上げると、下の図のように見えました。これについて、次の問いに答えよう。

(1) 右の図のような星が見えたのは、どの方位の空を見上げたときかな。 ( 東 )

(2) ㋐～㋒の3つの星をつなぐと三角形ができます。この三角形の名前を何というかな。 ( 夏の大三角 )

(3) ㋐～㋒の星は、何等星かな。 ( 1等星 )

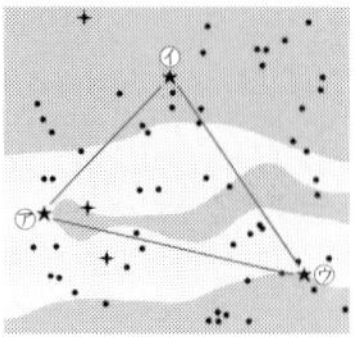

㋐
㋑
㋒


(4) ㋐～㋒の星の名前を答えよう。
㋐( デネブ ) ㋑( ベガ ) ㋒( アルタイル )

(5) ㋑の星がふくまれている星座の名前を、下の□から選んで、番号で答えよう。 ( ④ )

| | |
|---|---|
| ①さそり座 | ②こと座 |
| ③わし座 | ④はくちょう座 |

**2** 次の文は、星を観察してわかったことをまとめたものです。正しいものには○、まちがっているものには×をつけよう。

( × ) どの星も、みんな同じ明るさをしている。
( ◯ ) 赤っぽい星や白っぽい星など、夜空にはいろいろな色をした星がある。
( × ) 白っぽい星は、すべて1等星である。
( ◯ ) 星は明るいものから順に、1等星、2等星…と分けられている。
( × ) 星は大きいものから順に、1等星、2等星…と分けられている。

**考え方** **2** 明るさは、星によってちがいます(1等星、2等星、3等星、……など)。また、星の色のちがいは、表面の温度と関係があります。

## 16 月の位置の調べ方、星座早見の使い方 (p.18)

**1** 月の位置を調べます。下の図を見て、次の問いに答えよう。

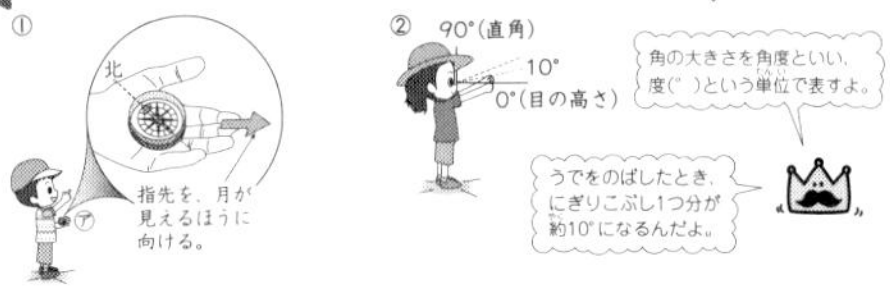

①
北
㋐
指先を、月が見えるほうに向ける。
②
90°(直角)
10°
0°(目の高さ)
角の大きさを角度といい、度(°)という単位で表すよ。
うでをのばしたとき、にぎりこぶし1つ分が約10°になるんだよ。


(1) 図①、②は、それぞれ何を調べているのかな。
①( 方位 ) ②( 高さ(角度) )

(2) 図①の㋐について、( )にあてはまる言葉をかこう。
㋐は( 方位 )じしんといい、図①では、月が( 南東 )にある。

**2** 星座早見の使い方について、( )にあてはまる言葉を答えよう。

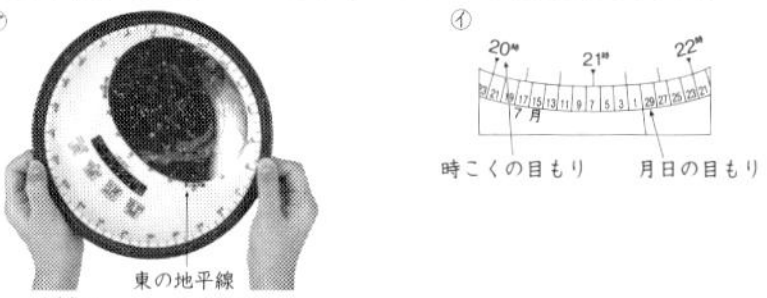

㋐
東の地平線
㋑
20時
21時
22時
7月
時こくの目もり
月日の目もり


(1) 観察する( 方位 )を下にして空にかざし、夜空の星とくらべる。

(2) ㋐では、( 東 )の空を観察している。

(3) ㋑では、7月7日の( 21 )時に合わせている。

( )にあてはまる言葉をかこう。

**だいじなまとめ** 月の位置は、( 方位 )と( 高さ )(角度)で決まる。

**考え方** **2** 星座早見を使って星や星座をさがすときは、観察する時こくの目もりを月日の目もりに合わせ、観察する方位を下にして夜空の星を見ます。



右上につづく

## 17 月の動き (p.19)

**1** 下の図は、夏のある別の日でどちらも午後６時ごろに観察した月のスケッチです。下の図を見て、次の問いに答えよう。

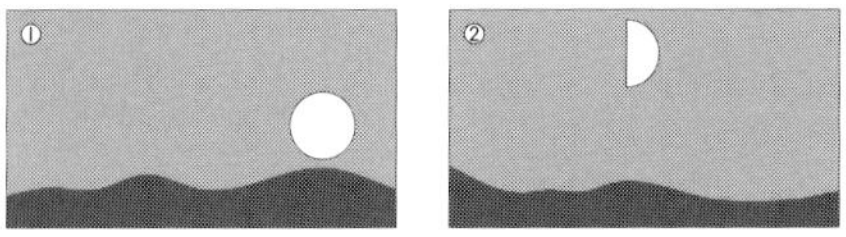

①
②


(1) ①、②の月は、それぞれ何というかな。
①（ 満月 ） ②（ 半月 ）

(2) ①の月は、これから高くなるところ、②の月は、これから低くなるところです。このとき、それぞれどの方位に見えているかな。
①（ 東 ） ②（ 南 ）

(3) ①の月は、これから１時間後には、図のどの方向に動いているかな。正しいものに○をつけよう。
（ ）真上 （ ）真横 （ ）真下
（○）ななめ上 （ ）ななめ下

**2** 月について、次の□にあてはまる言葉を答えよう。

(1) 円の形に見える月を□□という。 (1) 満月
(2) 半円の形に見える月を□□という。 (2) 半月
(3) 月は、東からのぼり、時こくとともに□の空の高いところを通って西へと動く。 (3) 南

**だいじなまとめ** 月は、日によって見える形が変わる。月は、｛[東]・南｝からのぼり、時こくとともに｛北・[南]｝の空の高いところを通って西へと動く。

**考え方** **1** (3)東から出た月は、南の空に向かって、図①の右ななめ上に動いていきます。その後、西へと動いていきます。

## 18 星の動き (p.20)

**1** 下の図は、夏の東の空に見えるある星座を、午後０時と午後10時に観察したものです。次の問いに答えよう。

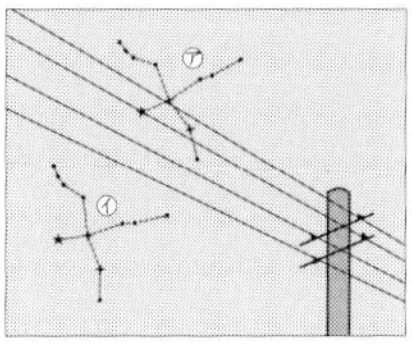

㋐
㋑


(1) 図は、何という星座を記録したものかな。下の□から選んで答えよう。
（ はくちょう座 ）

| | |
|---|---|
| カシオペヤ座 | わし座 |
| はくちょう座 | こと座 |

(2) 午後10時に見えたのは、㋐、㋑のどちらの位置かな。 （ ㋐ ）

**2** 次の問いに答えよう。また、□にあてはまる言葉を、下の□から選んで答えよう。

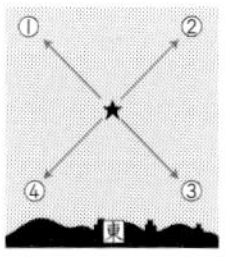

①
②
④
③
東


(1) 東の空を観察しました。右の図の星は、①～④のどの向きに動くと考えられるかな。番号で答えよう。 (1) ②
(2) 星の見える□□は、時こくとともに変わっていく。 (2) 位置
(3) 星の□□□方は、時間がたっても変わらない。 (3) ならび
(4) 観察するときには、建物や電線など動かないものを□□にしてかきこんでおく。 (4) 目印
(5) 自分の□□位置に印をつけておいて、毎回、同じところから観察する。 (5) 立つ

| | | | |
|---|---|---|---|
| 目印 | 位置 | 立つ | ならび |

**だいじなまとめ** 時こくとともに、星の見える位置は｛[変わる]・変わらない｝が、（ 星のならび方 ）は｛変わる・[変わらない]｝。

**考え方** **2** (4)夜空の観察記録をつくるときは、星などの位置の関係がはっきりわかるように、周りの地上の景色もかきこんでおきます。

## 19 まとめのテスト (p.21)

**1** 下の図は、夏のある別の日で、それぞれ月の動きを長い時間観察したものです。次の問いに答えよう。

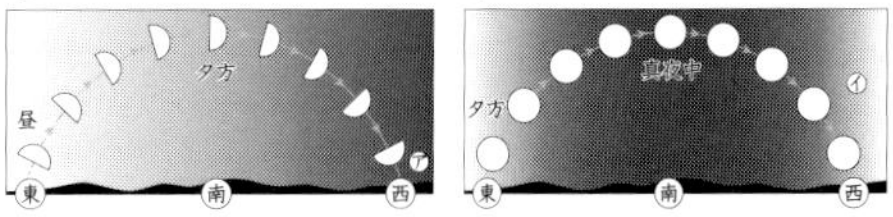

①
②
昼
夕方
㋐
東
南
西
夕方
真夜中
㋑
東
南
西


(1) 図①、②は、それぞれ何という月の動きを表したものかな。
①（ 半月 ） ②（ 満月 ）

(2) 図の㋐、㋑は、明け方、昼、夕方、真夜中のどれかな。
㋐（ 真夜中 ） ㋑（ 明け方 ）

(3) 次の文の（ ）にあてはまる方位をかこう。
月は、（ 東 ）のほうから出てきて、（ 南 ）の空の高いところを通って、（ 西 ）のほうにしずむ。

**2** デネブとアルタイルが、右の図の矢印のように動きました。次の問いに答えよう。

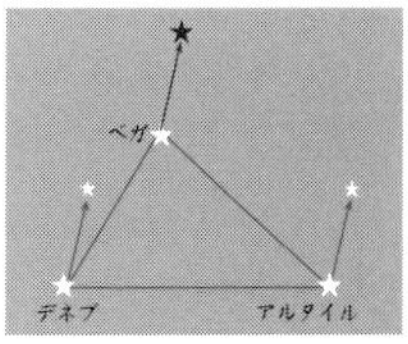

ベガ
デネブ
アルタイル


(1) 図で、ベガはどのように動いたかな。動いたところに★をかこう。

(2) デネブ、アルタイル、ベガでできる三角形を何というかな。
（ 夏の大三角 ）

(3) この３つの星はどれも１等星ですが、これは何をもとにして決められたのかな。正しいものに○をつけよう。
（ ）星の大きさ （○）星の明るさ （ ）星の色

**考え方** **1** 月は東から出て、南の空の高いところを通って西にしずみます。**2** (1)時こくが進んでも、星のならび方は変わりません。

## 20 ヒトの体のつくり (p.22)

**1** 下の２つの図は、ヒトの体のつくりである「ほね」と「きん肉」を表しています。□にあてはまる言葉を、下の□から選んで答えよう。

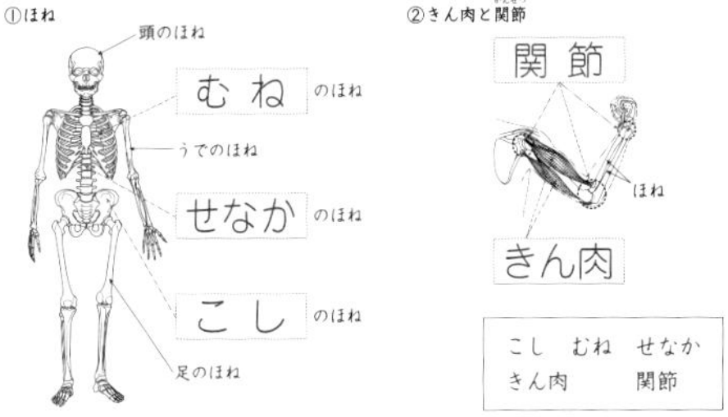

①ほね
頭のほね
むね のほね
うでのほね
せなか のほね
こし のほね
足のほね
②きん肉と関節
関節
ほね
きん肉


| | | |
|---|---|---|
| こし | むね | せなか |
| きん肉 | | 関節 |

**2** 次の問いに答えよう。また、□にあてはまる言葉を答えよう。

(1) 体には、曲げられるところと、曲げられないところがあります。曲げられるところを何というかな。 (1) 関節
(2) ヒトは、ほねによって体を□□□ている。 (2) ささえ
(3) ヒトは、きん肉がちぢんだり、ゆるんだりすることで体を□□□ている。 (3) 動かし
(4) 体の中には、曲げられるところがたくさんあり、どこも、ほねとほねのつなぎ目である。このつなぎ目を□□という。 (4) 関節

**だいじなまとめ** 体には、かたくてじょうぶな｛[ほね]・きん肉｝と、やわらかい｛ほね・[きん肉]｝がある。ほねとほねのつなぎ目を（ 関節 ）という。

**考え方** **1** 体を動かすとき、ほねとほねのつなぎ目である関節で体を曲げたり、ほねについているきん肉をちぢめたり、ゆるめたりしています。

右上につづく

## 21 ほねやきん肉の動き方 (p. 23)

**1** 体が動くしくみを調べました。うでを曲げたりのばしたりすると、きん肉はどうなるかな。下の図を見て、次の問いに答えよう。

●うでを曲げたとき　●うでをのばしたとき

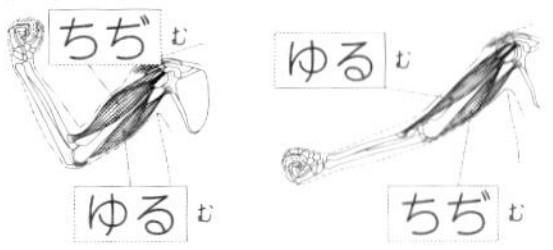


足を曲げるときも きん肉をちぢめたり、ゆるめたりしているよ。

(1) 図の[ ]にあてはまる言葉をかこう。
(2) ほねやきん肉の役わりについて、( )にあてはまる言葉をかこう。
① ほねは、体を( ささ )えている。
② ヒトの体は、きん肉がちぢんだり、ゆるんだりすることで、( 動か )すことができる。

**2** ヒトとウサギの体について、次の文の( )にあてはまる言葉を下の[ ]から選んで答えよう。
(1) ウサギには、ヒトと同じように、ほね、関節、( きん肉 )がある。
(2) ウサギが体を動かすとき、( 関節 )で体を曲げている。また、ほねについているきん肉をちぢめたり、( ゆる )めたりしている。

| | |
|---|---|
| 関節 | きん肉 |
| ゆる | ちぢ |

[だいじなまとめ] ( ヒト )は、{ ほね・[きん肉]・関節 }をちぢめたり、ゆるめたりすることで、体を動かしている。また、( ほね )で体をささえている。

**考え方** **1** (1)うでを曲げるときやのばすときに、うでのきん肉はちぢんだり、ゆるんだりします。**2** ウサギにも、ヒトと同じように、ほね、きん肉、関節があります。

## 22 まとめのテスト (p. 24)

**1** ヒトのほねとその役わりについて、[ ]にあてはまる体の部分の名前を、下の[ ]から選んで答えよう。

[せなか]のほね・・・たてにたくさんつながっていて、体をささえる中心になっている。
[こし]のほね・・・横に広がっていて、しせいをたもっている。
[むね]のほね・・・肺や心ぞうなどを守っている。
[頭]のほね・・・やわらかい脳を守っている。

| | | | |
|---|---|---|---|
| 頭 | むね | せなか | こし |

**2** ヒトの体が動くしくみについて調べました。次の文で、正しいものには○、まちがっているものには×をつけよう。
( × )ヒトの体は、かたくてじょうぶな関節でささえている。
( ○ )うでを曲げると、内側のきん肉はちぢみ、外側のきん肉はゆるむ。
( × )ほねとほねのつなぎ目をきん肉という。
( ○ )せなかには関節がたくさんあって、それらを少しずつ曲げることで、せなかを曲げることができる。
( ○ )うでをのばすと、内側のきん肉はゆるみ、外側のきん肉はちぢむ。
( ○ )重いものを持って力を入れたとき、きん肉はかたくなる。

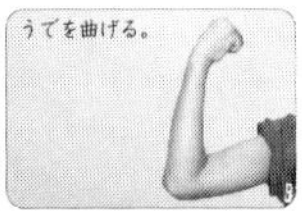
うでを曲げる。

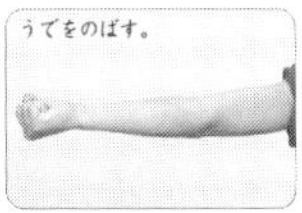
うでをのばす。

**考え方** **1** せなかのほね…体をささえる中心です。こしのほね…しせいをたもちます。むねのほね…肺や心ぞうなどを守っています。頭のほね…やわらかい脳を守っています。

## 23 秋の動物や植物 (p. 25)

**1** 次の動物で、秋によく見られるもの2つに○をつけよう。

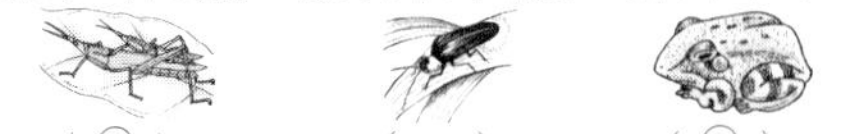

①オンブバッタの成虫 ( ○ )　②ゲンジボタルの成虫 ( )　③トノサマガエル ( ○ )

**2** 秋の動物や植物について、次の[ ]にあてはまる言葉を答えよう。
(1) ヒョウタンの実の大きさが[ ][ ][ ]なった。　(1) 大きく
(2) オオカマキリが[ ][ ][ ]を産んでいた。　(2) たまご
(3) 秋になると、動物の活動が夏より㋐[ ][ ]くなったり、植物のくきののびが㋑[ ][ ][ ]たりする。　(3)㋐ にぶ　㋑ 止まっ

**3** 秋のヒョウタンのようすについて、正しいもの2つに○をつけよう。
( )くきがいきおいよくのびて、夏のころより大きくなった。
( )秋になってすずしくなり、ようやく白い花がさき始めた。
( ○ )実が大きくなり、中にたくさんのたねができていた。
( ○ )夏のころほど、くきがのびなくなった。

春や夏のころの観察記録とくらべながら、観察を続けよう。

[だいじなまとめ] 秋になると、生き物のようすが変わる。ヘチマやヒョウタンなどは( 実 )が{ 小さく・[大きく] }なる。

**考え方** **2** 秋になると、動物の活動がにぶくなったり、植物の成長が止まったりと、夏とはようすが変わります。

## 24 まとめのテスト (p. 26)

**1** 下の図は、生き物のようすを表しています。秋に見ることができるもの4つに○をつけよう。

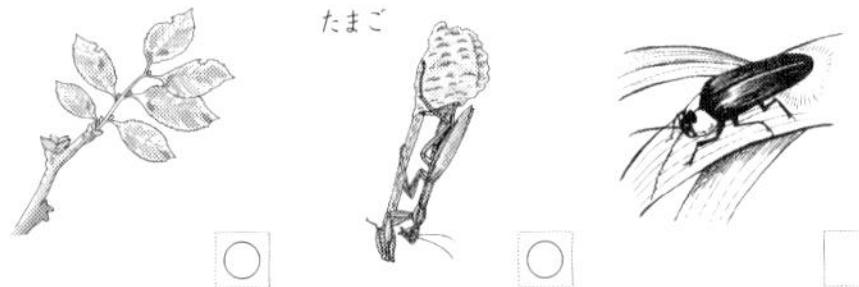

㋐葉が赤色になったサクラ ○　㋑オオカマキリの成虫とたまご ○　㋒ゲンジボタルの成虫 [ ]

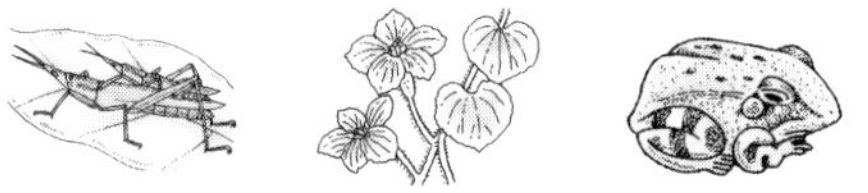

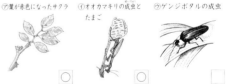

㋓オンブバッタの成虫 ○　㋔ヒョウタンの花 [ ]　㋕トノサマガエル ○

**2** 秋の気温や生き物のようすを表した次の文で、あてはまるほうに○をつけよう。
(1) 気温や水温が夏にくらべて{ 高くなる・[低くなる] }。
(2) ヒョウタンは、夏にくらべて実の大きさが{ 小さい・[大きい] }。
(3) ヒョウタンのくきののびが{ [止まる]・大きくなる }。
(4) 動物の活動が夏より{ 活発になる・[にぶくなる] }。
(5) イチョウの葉の{ [色]・大きさ }が変わる。
(6) ヘチマの実はじゅくしてくると、{ 緑色・[茶色] }に変わる。

**考え方** **2** (4)秋になると、動物は、活動がにぶくなります。


右上につづく

## 25 つつの中にとじこめた空気 (p.27)

**1** とじこめた空気のせいしつを調べるため、空気でっぽうの玉が飛ばないようにつつをゴムの板におしつけました。次の問いに答えよう。 [実験]

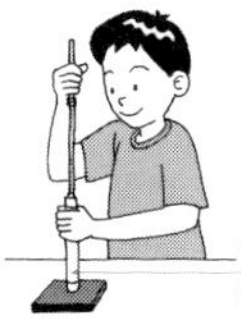

(1) つつの中に何が入っているかな。
図の□にかこう。 空気

(2) おしぼうをおしていくと、つつの中の空気はどうなるかな。
おし( ちぢめ )られる。

(3) このとき、おしぼうをおしている手ごたえはどうなるかな。正しいものに○をつけよう。
( )だんだん小さくなる。 ( )変わらない。
(○)だんだん大きくなる。

(4) おすのをやめると、つつの中の空気の体積はどうなるかな。
( もと )にもどる。

**2** 空気でっぽうで実験をしました。□にあてはまる言葉を答えよう。 [実験]

(1) とじこめた空気をおすと、体積が□□くなる。
(2) おしちぢめられた空気には、おし□□力がある。
(3) おしぼうをおしていくと、手ごたえはだんだん□□くなる。

(1) 小さ
(2) 返す
(3) 大き

> だいじなまとめ
> 空気でっぽうのおしぼうをおしたとき、とじこめられた空気の体積が{[小さくなる]・大きくなる}。その空気の( 体積 )はもとの体積に{[もどろうとする]・もどろうとしない}。

**考え方** **1** おしちぢめられた空気は、もとへもどろうとするので、おすのをやめると、その体積がもとにもどります。**2** 空気でっぽうは、空気のこのようなせいしつを利用しています。

## 26 つつの中にとじこめた水 (p.28)

**1** 水をとじこめて実験をしました。次の問いに答えよう。 [実験]

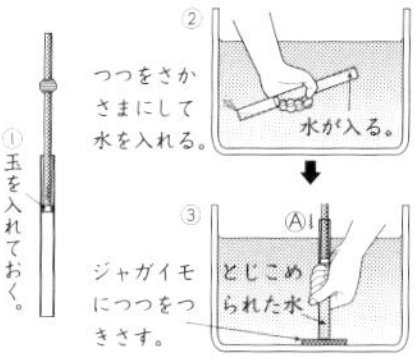


(1) 図③で、矢印Ⓐの向きにおしぼうをおすと、玉はどうなるかな。正しいものに○をつけよう。
( )玉は下へ動く。
(○)玉は動かない。
( )玉は上へ動く。

(2) (1)のとき、水の体積はどうなるかな。( 変わらない。)

(3) (1)のとき、おしぼうをおしている手ごたえはどうなるかな。
( 変わらない。)

(4) (1)〜(3)のことから、水はおしちぢめることができるかな、できないかな。
( できない。)

**2** **1**の水をとじこめる実験でわかったことをまとめました。□にあてはまる言葉を、下の□から選んで答えよう。

(1) おしぼうをおしたとき、玉は□□□□。
(2) おしぼうをおしたとき、水の□□は変わらない。
(3) おしぼうをおし続けても、手ごたえは□□□ない。
(4) (1)〜(3)のことから、水は□□□□めることができない。

変わら　動かない　体積　おしちぢ

(1) 動かない
(2) 体積
(3) 変わら
(4) おしちぢ

> だいじなまとめ
> 水を入れたつつのおしぼうをおしたとき、水の( 体積 )は{変わる・[変わらない]}ので、水はおしちぢめることが{できる・[できない]}ことがわかる。

**考え方** **1** 水は、おしちぢめることができないので、体積は変わりません。空気をとじこめたときとのちがいをかくにんしておきましょう。

## 27 まとめのテスト1 (p.29)

**1** 空気をちゅうしゃ器にとじこめました。次の(1)〜(5)の答えをそれぞれ①〜③から選んで、番号で答えよう。

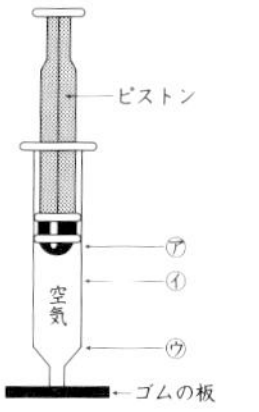


(1) ピストンを手でおすと、ピストンはどうなるかな。 (②)
① ㋐から動かない。
② ㋑ぐらいまで下がる。
③ ㋐より上に上がる。

(2) (1)のとき、おしている手ごたえはどのようになるかな。 (②)
① ほとんど手ごたえを感じない。
② 強くおすほど、手ごたえは大きくなっていく。
③ おし方のちがいに関係なく、同じ手ごたえがある。

(3) ピストンをおしていた手を放すと、ピストンはどうなるかな。 (②)
① 手を放した位置から動かない。
② おし始めた位置にもどる。
③ 手を放した位置よりもっと下がる。

(4) 空気の代わりに、ちゅうしゃ器の中に水をとじこめて、ピストンを手でおすと、どうなるかな。 (①)
① ㋐から動かない。
② ㋑ぐらいまで下がる。
③ ㋒まで下がる。

(5) (1)〜(4)の実験の結果から、空気と水のせいしつについてわかったことをまとめました。正しいものはどれかな。 (③)
① 空気も水も、おしちぢめられない。
② 空気も水も、おしちぢめられる。
③ 空気はおしちぢめられるが、水はおしちぢめられない。

**考え方** **1** (3)おしちぢめていた力をぬくと、空気はもとの体積にもどります。(4)水はおしちぢめられないので、ピストンをおしても、水の体積は変わりません。

## 28 まとめのテスト2 (p.30)

**1** 右の①〜④の図は、落ちていくゴムボールがゆかではね返っているようすを表しています。これを見て、次の問いに答えよう。

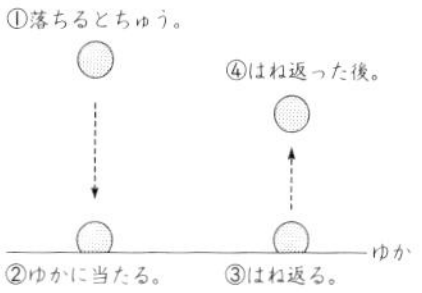


(1) ゴムボールの中には、何が入っているかな。 ( 空気 )

(2) ②、④のとき、中に入っているものの体積は、どうなったかな。正しいほうを○で囲もう。
② ゴムボールがゆかに当たった。
体積が{[小さ]・大き}くなった。
④ ゴムボールがはね返った後、体積が{②・[①]}と同じになった。

(3) (2)のことから、どんなことがわかるかな。次の文の( )にあてはまる言葉をかこう。
とじこめた空気の体積を( 小さ )くすると、もとの( 体積 )にもどろうとするので、ゴムボールがゆかではね返った。

**2** ちゅうしゃ器に玉をつめて、飛ばそうとしました。次の問いに答えよう。 [実験]

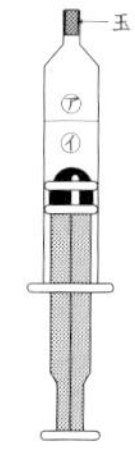


(1) 右の図のように、ちゅうしゃ器を上向きにして、中に水と空気を半分ずつ入れました。空気は、㋐、㋑のどちらかな。 ( ㋐ )

(2) ピストンをおすと、㋐の体積はどうなるかな。
( 小さくなる。)

(3) ピストンをおすと、㋑の体積はどうなるかな。
( 変わらない。)

(4) ピストンをおす力を強くするほど、おし返される手ごたえはどうなるかな。正しいものを○で囲もう。
{弱くなる・変わらない・[強くなる]}

(5) ピストンをおしていくと、玉は飛び出すかな、飛び出さないかな。 ( 飛び出す。)

**考え方** **2** (1)空気より水のほうが重いので、下のほうに水がたまります。(5)㋐の部分にとじこめられた空気がおしちぢめられ、もとの体積にもどろうと玉をおすので、玉は上へ飛びます。

右上につづく

## 29 実験(じっけん)のじゅんびから終わりまで (p.31)

**1** アルコールランプや実験用ガスコンロの点けんのしかたや使い方について、下の図の□にあてはまる数字や言葉を、下の□から選んで答えよう。

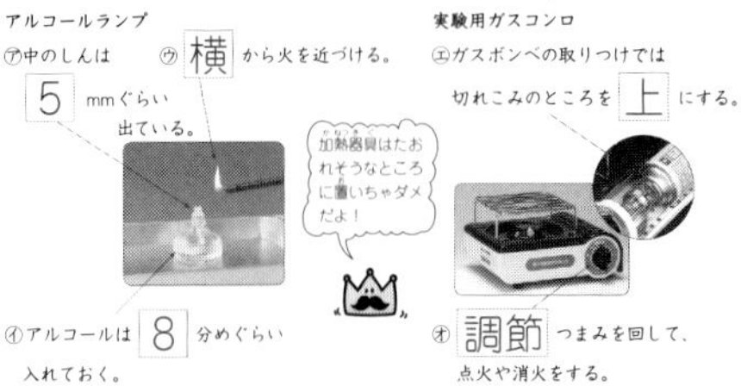

アルコールランプ
㋐中のしんは 5 mmぐらい出ている。
㋒ 横 から火を近づける。
加熱器具はたおれそうなところに置いちゃダメだよ！
㋑アルコールは 8 分めぐらい入れておく。
実験用ガスコンロ
㋓ガスボンベの取りつけでは切れこみのところを 上 にする。
㋔ 調節 つまみを回して、点火や消火をする。


| |
|---|
| 調節(ちょうせつ)　横　上　5　8 |

**2** 次の文で、正しいものには○、まちがっているものには×をつけよう。

(1) アルコールランプやガスコンロなどの加熱器具は、つくえのはしに置く。
(2) 火を使う実験では、ぬれたぞうきんを置いておく。
(3) アルコールランプの火を消すときは、ななめ上からすばやくふたをする。
(4) ガスコンロは、調節つまみを回して点火する。

(1) ×　(2) ○　(3) ○　(4) ○

[だいじなまとめ] 理科室では、{安全・危険(きけん)}に(実験)を行う。

**考え方** **1** アルコールランプは、使う前にしんの長さやアルコールの量(りょう)をたしかめます。使うときは、ガスライターなどで横から火をつけます。

## 30 まとめのテスト (p.32)

**1** 下の図のアルコールランプの正しい使い方について、次の問いに答えよう。

(1) アルコールランプを使うときのアルコールの量は、次の㋐～㋒のうち、どれが正しいかな。記号で答えよう。　( ㋑ )

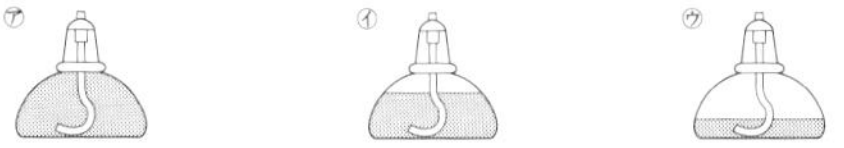

㋐
㋑
㋒


(2) アルコールランプの①点火と②消火について、それぞれ㋐、㋑のどちらが正しいかな。正しいほうに○をつけよう。

① ㋐(　)　㋑(○)　　② ㋐(　)　㋑(○)

**2** 右の図を見て、次の問いに答えよう。

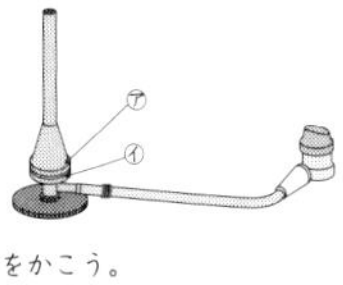

㋐
㋑


(1) 右の図は、何という加熱器具かな。　(ガスバーナー)
(2) 図の㋐、㋑は、それぞれ何を調節(ちょうせつ)するねじかな。　㋐(空気)　㋑(ガス)
(3) (1)の器具に火をつけるとき、どのようにつけるかな。火をつけるときの順に番号をかこう。
( 3 )ガス調節ねじで、ほのおの大きさを調節する。
( 1 )元せんを開ける。
( 2 )ガス調節ねじを少し開けて、火をつける。
( 4 )空気調節ねじを開けていく。

**考え方** **2** ガスバーナーには元せんがあり、空気とガスの2つの調節(ちょうせつ)ねじがあります。アルコールランプやガスコンロよりふくざつにできているので、安全を心がけましょう。

## 31 空気の温度と体積(たいせき) (p.33)

**1** 丸底(まるぞこ)フラスコにとじこめた空気をあたためたり、冷やしたりしました。下の図を見て、次の問いに答えよう。

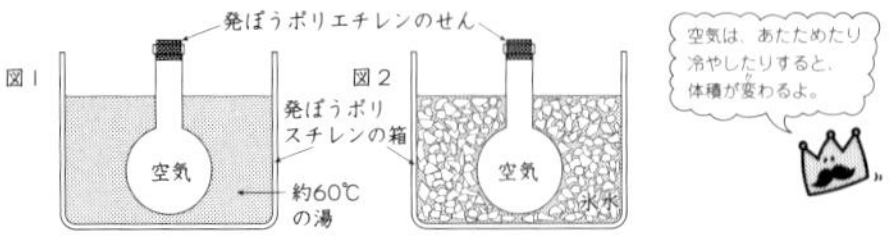

発ぽうポリエチレンのせん
図1
図2
発ぽうポリスチレンの箱
空気
約60℃の湯
空気
氷水
空気は、あたためたり冷やしたりすると、体積が変わるよ。


(1) 図1で、せんはどうなるかな。正しいものに○をつけよう。
(○)飛び出す。(　)変わらない。(　)中へ入っていく。
(2) (1)のようになるのはどうしてかな。(　)にあてはまる言葉をかこう。
あたためられて、空気の(体積)が大きくなったから。
(3) 図2で、せんはどうなるかな。正しいものに○をつけよう。
(　)飛び出す。(　)変わらない。(○)中へ入っていく。
(4) (3)のようになるのはどうしてかな。(　)にあてはまる言葉をかこう。
冷やされて、空気の体積が(小さ)くなったから。

**2** 次の問いに答えよう。また、□にあてはまる言葉を答えよう。

(1) 空気を冷やすと、体積はどうなるかな。
(2) **1**で、せんが飛び出したのは、空気が□□□□られたからである。
(3) ふたをしたペットボトルをあたためると、どうなるかな。
(4) ふたをしたペットボトルを氷水につけると、どうなるかな。

(1) 小さくなる。　(2) あたため　(3) ふくらむ。　(4) へこむ。

[だいじなまとめ] 空気は、あたためると(体積)が{大きく・小さく}なり、冷やすと体積が{大きく・小さく}なる。

**考え方** **1** (1)丸底(まるぞこ)フラスコの中の空気の体積が、あたためられて大きくなり、せんをおし出します。(3)丸底フラスコの中の空気の体積が小さくなるため、せんは中へ入っていきます。

## 32 水の温度と体積(たいせき) (p.34)

**1** 下の図のように丸底(まるぞこ)フラスコをあたためたり冷やしたりして、ガラス管の中の水面の変化(へんか)を調べます。次の問いに答えよう。

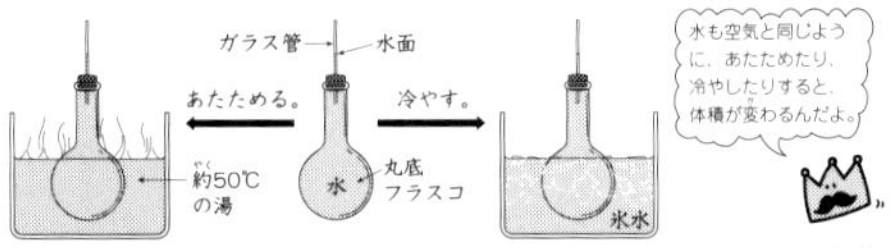

ガラス管
水面
あたためる。
冷やす。
約50℃の湯
水
丸底フラスコ
氷水
水も空気と同じように、あたためたり、冷やしたりすると、体積が変わるんだよ。


(1) 次の文は、丸底フラスコを湯につけたとき、どのようになるかを説明(せつめい)したものです。あてはまる言葉を右の□から選んで答えよう。同じ言葉をくり返して使ってもよいです。

| |
|---|
| 上がる　下がる<br>大きく　小さく |

丸底フラスコを湯につけると、丸底フラスコの中の水の温度が(上がる)。すると、水の体積が(大きく)なり、ガラス管の中の水面が(上がる)。

(2) 丸底フラスコを氷水につけたとき、ガラス管の水面はどうなるかな。　(下がる。)

**2** 次の文の□にあてはまる言葉を答えよう。

(1) 水をあたためると、体積は□□□なる。
(2) 水を冷やすと、体積は□□□なる。
(3) 水も空気も、あたためると体積は㋐□□□なり、冷やすと体積は㋑□□□なる。

(1) 大きく　(2) 小さく　(3)㋐ 大きく　㋑ 小さく

[だいじなまとめ] 水は、あたためると体積が{大きく・小さく}なり、(冷やす)と体積が{大きく・小さく}なる。

**考え方** **1** 水も、空気と同じように、あたためると体積が大きくなり、冷(ひ)やすと体積が小さくなります。水の体積の変化(へんか)は、空気の体積の変化よりも小さいです。



右上につづく

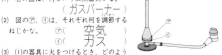

## 33 金ぞくの温度と体積　(p. 35)

**1** 金ぞくの玉を熱したり冷やしたりして、玉が輪を通りぬけるかどうかを調べました。下の図を見て、次の問いに答えよう。

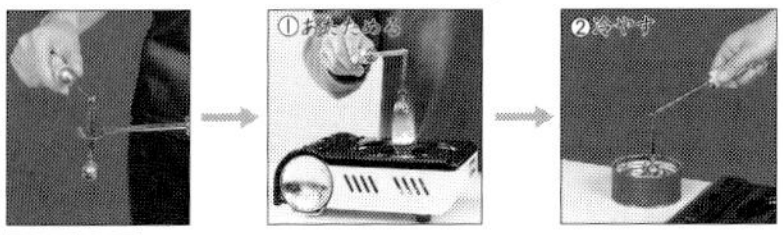


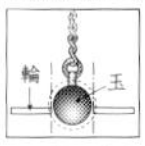


玉が輪をぎりぎり通りぬけられる

①あたためると、金ぞくの玉は、輪を通り｛ぬける・[ぬけない]｝。

②冷やすと、金ぞくの玉は、輪を通り｛[ぬける]・ぬけない｝。

(1) 図の①、②で、｛　｝の正しいほうを○で囲もう。
(2) ①で、玉の体積はどうなるかな。　（大きくなる。）
(3) ②で、玉の体積はどうなるかな。　（小さくなる。）

**2** 次の問いに答えよう。
(1) あたためた金ぞくの体積は、どうなるかな。　(1) 大きくなる。
(2) 冷やした金ぞくの体積は、どうなるかな。　(2) 小さくなる。

熱した金ぞくには、冷めるまで、さわらないようにしよう。

**だいじなまとめ**　金ぞくをあたためると（体積）が｛[大きく]・小さく｝なり、冷やすと体積が｛大きく・[小さく]｝なる。

**考え方** **1** 金ぞくも、空気と同じように、あたためると体積が大きくなり、冷やすと体積が小さくなります。金ぞくの体積の変化は、空気にくらべるととても小さいです。

## 34 まとめのテスト1　(p. 36)

**1** 試験管にちゅうしゃ器をつけたもの㋐、㋑を用意し、湯につけました。下の図を見て、次の問いに答えよう。

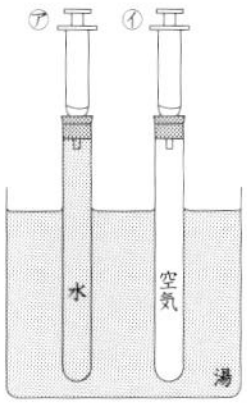


(1) ㋐、㋑のちゅうしゃ器のピストンは、どのように動くかな。正しいものに○をつけよう。
（　）㋐のほうが、㋑より高く上がる。
（○）㋑のほうが、㋐より高く上がる。
（　）㋐も㋑も、同じような高さまで上がる。

(2) (1)のことから、どのようなことがいえるかな。正しいものに○をつけよう。
（　）空気と水の体積のふえ方は、同じである。
（　）水は、空気より体積のふえ方が大きい。
（○）空気は、水より体積のふえ方が大きい。

(3) ㋐と㋑を湯から出して、しばらく置くと、ピストンの位置はどうなるかな。　（もとにもどる（下がる）。）

**2** 右の図のように、金ぞくの玉を熱して、金ぞくの体積の変化を調べました。次の問いに答えよう。

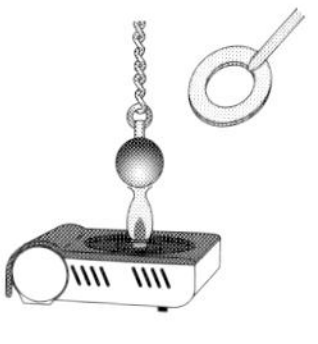

(1) 図の金ぞくの玉は、熱する前は、輪をぎりぎり通りぬけることができました。金ぞくの玉を熱すると、玉は輪を通りぬけられるかな、通りぬけられないかな。（通りぬけられない。）
(2) 金ぞくの玉をよく冷やすと、玉は輪を通りぬけられるかな、通りぬけられないかな。（通りぬけられる。）

**考え方** **1** **2** 空気・水・金ぞくは、すべてあたためると体積が大きくなり、冷やすと体積が小さくなります。体積の変化は空気が大きく、水や金ぞくはあまり大きくありません。

## 35 まとめのテスト2　(p. 37)

**1** 丸底フラスコの口にせっけん水でまくをつくり、そのフラスコを湯につけたり、氷水につけたりしました。次の問いに答えよう。

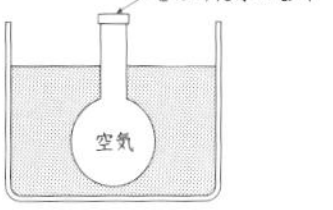


(1) 湯につけると、フラスコの口では、どのようなことが起こるかな。次の図で、正しいものに○をつけよう。

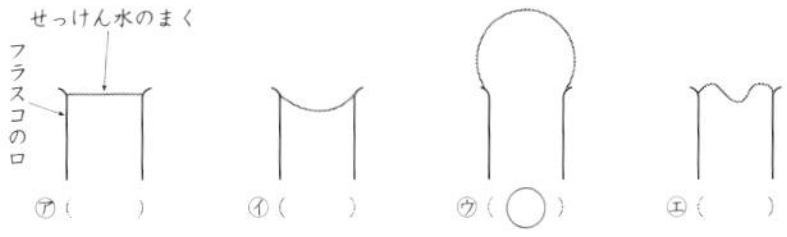


(2) (1)の図で、氷水につけたときのせっけん水のまくのようすは、㋐～㋓のどれかな。記号で答えよう。（㋑）

**2** 次の文は、空気・水・金ぞくの体積の変わり方について説明したものです。正しいものには○、まちがっているものには×をつけよう。
（×）空気や水はあたためると体積が大きくなるが、金ぞくはあたためても体積は変わらない。
（○）あたためたことによる体積の変化は、水よりも空気のほうが大きい。
（×）水はあたためると体積が大きくなるが、冷やしても体積は小さくならない。
（○）空気・水・金ぞくのうち、あたためることによる体積の変化は空気が最も大きい。
（×）空気・水・金ぞくのうち、冷やすことによる体積の変化は水が最も大きい。
（×）金ぞくの体積はあたためても変化しない。

**考え方** **1** フラスコの口にせっけん水でまくをつくり、あたためたとき、空気の体積が大きくなってまくがふくらみます。冷やしたときは体積が小さくなり、まくはへこみます。

## 36 冬の星　(p. 38)

**1** 冬の夜空を見上げると、南東の空に、下の図のような星が見えました。次の問いに答えよう。

㋐ オリオン座
㋑ こいぬ座
㋒ おおいぬ座

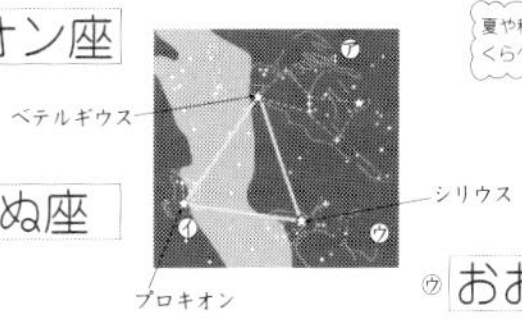


夏や秋の観察の結果とくらべてみよう。

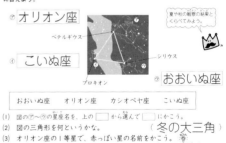

| おおいぬ座 | オリオン座 | カシオペヤ座 | こいぬ座 |
|---|---|---|---|

(1) 図の㋐～㋒の星座名を、上の□から選んで□にかこう。
(2) 図の三角形を何というかな。（冬の大三角）
(3) オリオン座の１等星で、赤っぽい星の名前をかこう。（ベテルギウス）

**2** 冬に見られる星について次の問いに答えよう。

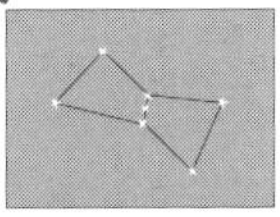

(1) 左の図の星座を何というかな。　(1) オリオン座
(2) 時こくとともに、星のならび方は変わるかな、変わらないかな。　(2) 変わらない。

**だいじなまとめ**　夏や秋と同じように、冬に見られる星も、時こくとともに、星の見える位置は｛[変わる]・変わらない｝が、星のならび方は｛変わる・[変わらない]｝。

**考え方** **1** 冬の大三角は、オリオン座のベテルギウス、おおいぬ座のシリウス、こいぬ座のプロキオンを結んでできる三角形です。

右上につづく

## 37 冬の動物や植物 (p.39)

**1** 冬のヘチマのようすを観察しました。下の図の□にあてはまる言葉を答えよう。

①葉もくきも［かれ］ている。

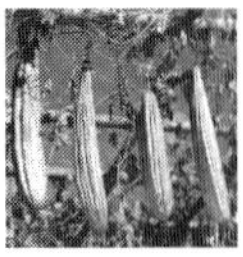

②実の中には、［たね］がつまっている。

冬のようすは、春につながることを考えて観察するよ。

**2** 次の図のうち、冬に見られるもの２つに○をつけよう。

（○）　（　）　（　）　（○）

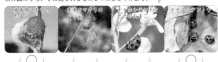

**3** 次の文は、冬に見られる植物について説明したものです。正しいものには○、まちがっているものには×をつけよう。

(1) ヒョウタンは、かれてしまう。　(1) ○
(2) ヒョウタンは、たねのすがたで冬をこす。　(2) ○
(3) かれたヘチマの実の中には、たねが入っている。　(3) ○
(4) ヘチマのたねは、１つの実に１つずつ入っている。　(4) ×

**だいじなまとめ**
冬は、秋とくらべて気温や水温が｛高く・[低く]｝なる。また、｛[動物]・植物｝がすがたを見せなくなる。
ヒョウタンは、葉もくきもかれて、（たね）を残す。

**考え方** **1** 冬になると、気温がさらに低くなり、ヘチマなどの植物は、葉もくきもかれて、たねを残します。

## 38 まとめのテスト (p.40)

**1** 右の図は、冬の夜空の一部です。㋐～㋓は１等星を、①～⑦は２等星を表しています。これを見て、次の問いに答えよう。

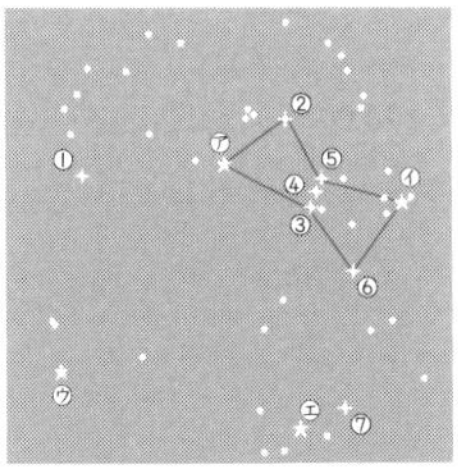

(1) 冬の大三角は、どの星をつなぐとできるかな。右の図の㋐～㋓から選んで、記号で答えよう。
（㋐㋒㋓）
(2) ㋐と㋑がふくまれている星座の名前をかこう。
（オリオン座）
(3) (2)の星のならび方は、時こくとともに変わるかな、変わらないかな。
（変わらない。）
(4) ㋐～㋓の星の中で、赤っぽく見える星はどの星かな。記号で答えよう。
（㋐）
(5) (4)の星の名前をかこう。
（ベテルギウス）

**2** 生き物の秋と冬のようすをまとめました。秋のようすには「秋」、冬のようすには「冬」と答えよう。

(1)（冬）ヒョウタンはどれもすっかりかれてしまったが、たくさんのたねができている。
(2)（冬）イチョウの葉はすべて落ちてしまったが、えだには芽が残っている。
(3)（秋）オオカマキリが、植物のくきにたまごを産んでいる。
(4)（秋）サクラの葉が、赤くなっている。
(5)（冬）ナナホシテントウが、落ち葉の下でじっとしている。

**考え方** **1** (1)冬の大三角は、３つの１等星を結ぶとできます。(4)(5)赤っぽい色の星といえば、夏の夜空ではアンタレス、冬の夜空ではベテルギウスと覚えましょう。

## 39 金ぞくのあたたまり方 (p.41)

**1** ろうをぬった金ぞくのぼうを熱したとき、金ぞくはどのようにあたたまっていくか調べました。下の図を見て、次の問いに答えよう。

① ㋐のほうが㋑よりも、｛[速く]・おそく｝あたたまる。
② ㋓のほうが㋒よりも、｛速く・[おそく]｝あたたまる。

(1) 図の①、②で、｛　｝にあてはまる言葉を○で囲もう。
(2) (1)から、金ぞくのぼうはどのようにあたたまっていくのかな。正しいものに○をつけよう。
（　）ぼうのはしから、順にあたたまっていく。
（○）熱したところから、順にあたたまっていく。
（　）ぼう全体が、同時にあたたまっていく。

ろうがとけていくようすを、しっかり観察しよう。

**2** ろうをぬった金ぞくの板の×の部分を熱しました。▨はろうがとけた部分を表しています。実験の結果で正しいのは、右の図の㋐～㋒のどれかな。記号で答えよう。

（㋐）

**だいじなまとめ**
金ぞくは、熱した部分から順に（熱）が伝わって｛[あたたまって]・冷えて｝いく。

**考え方** **1** 熱の伝わるようすをわかりやすくするため、ろうをぬります。金ぞくは、熱したところから順に熱が伝わります。ぼうがかたむいていても、熱の伝わり方は変わりません。

## 40 水のあたたまり方 (p.42)

**1** 示温インクを使って、水のあたたまるようすを観察しました。下の図を見て、次の文の｛　｝にあてはまる言葉を○で囲もう。

㋐底の部分を熱したとき　㋑水面近くを熱したとき

（試験管には、示温インクをまぜた水が入っている。）

(1) 底の部分を熱したとき、｛[上]・下｝のほうが先に色が変わり、その後、すぐに｛上・[下]｝のほうまで色が変わった。
(2) 水面近くを熱したとき、｛[上]・下｝のほうだけ色が変わり、｛上・[下]｝のほうはなかなか色が変わらなかった。
(3) ㋐と㋑では、水全体があたたまるのは｛[㋐]・㋑｝のほうが速い。

示温インクは、温度によって色が変わるよ。

**2** 次の問いに答えよう。また、□にあてはまる言葉を答えよう。

(1) 水と金ぞくでは、熱の伝わるようすは、同じかな、ちがうかな。
(2) 水は、あたためられた部分が、㋐□へ動いて、次々にあたたまっていき、㋑□□があたたまっていく。

(1) ちがう。
(2)㋐ 上
㋑ 全体

**だいじなまとめ**
水を熱すると、あたたまった部分が｛[上]・下｝へ動き、全体が（あたたまる）。

**考え方** **1** 水は、あたたまると上へ動いて、次々にあたたまっていき、全体があたたまります。示温インクは、温度によって、色が変わります。


右上につづく

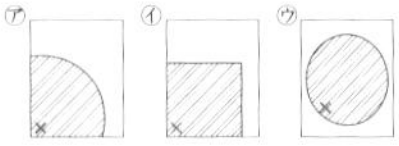

## 41 空気のあたたまり方 (p. 43)

**1** 空気のあたたまり方を調べるため、ストーブで部屋をあたためました。下の図を見て、次の問いに答えよう。

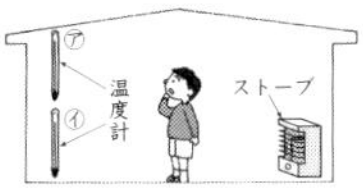


(1) 右の部屋で、上のほうと下のほうの空気の温度をはかりました。温度が高いのは、㋐、㋑のどちらかな。 （ ㋐ ）

(2) ストーブであたためた部屋の空気は、どのように動いているかな。下の図の㋐〜㋒から選んで、記号で答えよう。 （ ㋑ ）

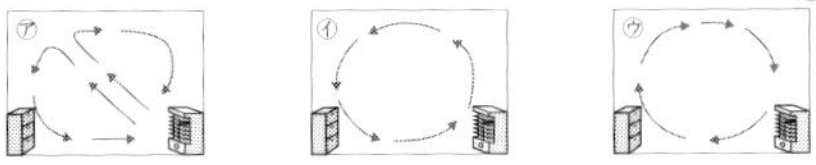


**2** 次の問いに答えよう。また、□にあてはまる言葉を答えよう。

(1) 空気のあたたまり方は、金ぞくと水のどちらのあたたまり方ににているかな。
(2) ストーブをつけた部屋は、あたためられた□□が動き、部屋全体があたたまっていく。
(3) 空気の動きを調べるには、せんこうの□□□の動きを見る。

(1) 水
(2) 空気
(3) けむり

> **だいじなまとめ** ストーブをつけた部屋では、{ [天じょう]・ゆか } のほうが { 天じょう・[ゆか] } より空気の温度が高い。（ あたためられた空気 ）は、上へ動く。

**考え方** **1** (1)部屋をあたためると、天じょうに近いところから空気の温度が上がっていきます。(2)空気は、あたたまった部分が上へ動きながら次々にあたたまり、全体があたたまります。

## 42 まとめのテスト (p. 44)

**1** 金ぞくのぼうと水の入った試験管を、下の図のようにあたためました。次の問いに答えよう。

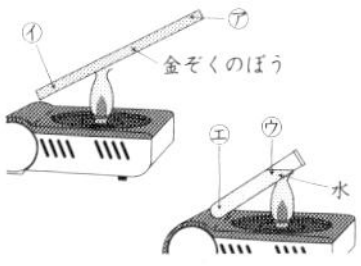


(1) 少しの時間あたためてから、㋐〜㋓のあたたかさをくらべました。あまりあたたかくなっていないところは、㋐〜㋓のどこかな。 （ ㋓ ）

(2) (1)の金ぞくのあたたまり方を矢印で表しました。次の図で、正しいものに○をつけよう。

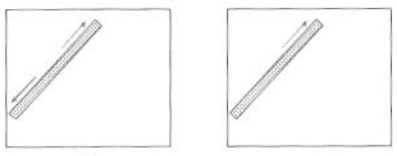

（ ○ ）　（　　）

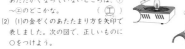

**2** もののあたたまり方についてまとめました。（ ）にあてはまる言葉を、下の□から選んで答えよう。同じ言葉をくり返して使ってもよいです。

(1) 金ぞくは、あたためられた部分から（ 熱 ）が伝わって、（ 順 ）にあたたまっていく。
(2) あたためられた水は（ 上 ）へ動き、水（ 全体 ）があたたまっていく。
(3) 空気は、あたためられた部分が（ 上 ）へ動き、空気（ 全体 ）があたたまっていく。
(4) 空気のあたたまり方は、金ぞくと水のあたたまり方とくらべると、（ 水 ）のあたたまり方ににている。

| 上 | 下 | 順 | 熱 | 全体 | 金ぞく | 水 | 空気 |
|---|---|---|---|---|---|---|---|

**考え方** **2** 金ぞく、水、空気の、それぞれのあたたまり方をまとめます。水や空気は、あたたまったところが上へ動いていきます。金ぞくは、熱したところから順にあたたまります。

## 43 水を熱したときの変化 (p. 45)

**1** 下の図のそうちで、丸底フラスコに入れた水を熱しました。水の温度の変化のようすは、グラフのとおりです。次の問いに答えよう。

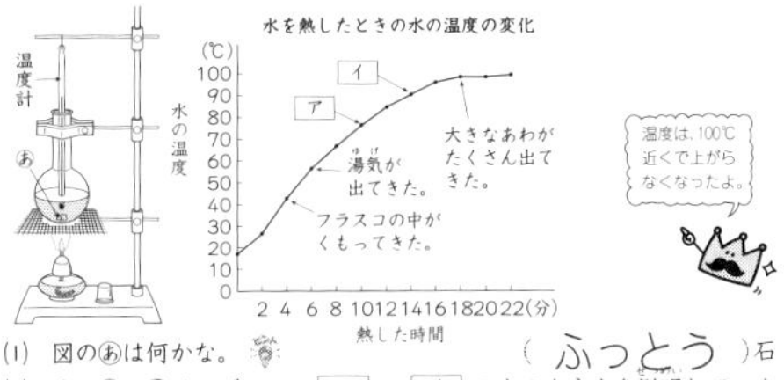


(1) 図のあは何かな。 （ ふっとう ）石

(2) 次の①、②は、グラフの [ア]、[イ] の水のようすを説明しています。（ ）にあてはまるものを、記号で答えよう。
①（ ア ）小さなあわがたくさん出てきた。
②（ イ ）大きなあわが出てきた。

(3) 水があわを出してわき立つことを何というかな。（ ふっとう ）

**2** 水を熱したときの変化について、□にあてはまる言葉を答えよう。

(1) 水を熱すると、水の中に小さな□□が見えてくる。
(2) 水の温度が100℃近くになると□□□□する。
(3) ふっとうしている間の温度は□□□ない。

(1) あわ
(2) ふっとう
(3) 変わら

> **だいじなまとめ** 熱せられた水が { 100℃以上・[100℃近く] } になり、さかんにあわを出しながらわき立つことを（ ふっとう ）という。

**考え方** **1** 水を熱すると、フラスコの中がくもり、小さなあわが出始めます。しだいに大きなあわになり、100℃近くでふっとうします。さらに熱しても、100℃以上にはなりません。

## 44 湯気やあわの正体 (p. 46)

**1** 湯気やあわについて調べるため、下の図のようなそうちで水を熱しました。次の問いに答えよう。

① ふくろは、初めはしぼませておく。
② ふっとうさせると、ふくろが [ふくら] んだ。
③ 熱するのをやめると、ふくろが [しぼ] んだ。

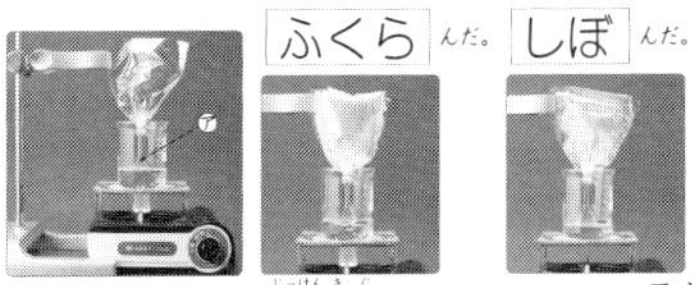


ふくろには、水がたまっていた。

(1) ①のビーカー中の実験器具㋐の名前は何かな。（ ろうと ）
(2) ②、③の □ にあてはまる言葉をかこう。
(3) 次の文の（ ）にあてはまる言葉をかこう。
① 水を熱して出てきたあわは、水が目に見えないすがたに変わったもので、（ 水じょう気 ）という。
② 水が①になることを（ じょう発 ）という。

**2** 湯気やあわについて、□にあてはまる言葉を答えよう。

(1) 水を熱すると、水□□□□になる。
(2) 水じょう気が冷やされて、目に見える水のつぶになった。このつぶを□□という。
(3) 水を熱し続けて、水が□□□□して、空気中に出ていくと、水はへる。

(1) じょう気
(2) 湯気
(3) じょう発

> **だいじなまとめ** 水が水じょう気になることを（ じょう発 ）という。水じょう気が空気中で冷やされて、目に見える水のつぶになったものを（ 湯気 ）という。

**考え方** **1** 温度があまり高くないときは、水じょう気は水の表面からだけ出ていきます。温度が高くなると水の中からもたくさんの水じょう気のあわが出ていくようになります。

右上につづく

# 45 水が氷になるときの変化 (p.47)

**1** 水の入った試験管を冷やす実験をして、その結果をグラフに表しました。これについて、次の問いに答えよう。

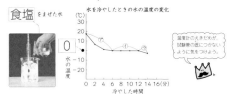

食塩 をまぜた水

**水を冷やしたときの水の温度の変化**

温度計のえきだめが、試験管の底につかないように気をつけよう。

(1) 上の図の ▢ にあてはまる言葉や数字をかこう。

(2) 次の①～③は、グラフの⑦～⑨の水のようすを説明しています。( )にあてはまるものを記号で答えよう。
① ( ⑨ ) 全部氷になった。
② ( ⑦ ) 全部水のままである。
③ ( ⑦ ) 水と氷の両方がある。

**2** 次の文は、水の体積の変化についてまとめたものです。正しいものには○、まちがっているものには×をつけよう。
(1) 水をあたためると、体積は大きくなる。　(1) ○
(2) 水を冷やすと、体積は小さくなる。　(2) ○
(3) 水が氷になると、体積は小さくなる。　(3) ×

> **だいじなまとめ** 水は、( 0 )℃になると、こおり始める。水を冷やしたとき、水がこおり始めてから全部こおるまでの温度は( 0 )℃である。水が氷になると、( 体積 )が大きくなる。

**考え方** **1** (2)⑦は、0℃までは、水はこおらないので、全部水です。⑦は、こおり始めて水と氷がまじっています。⑨は、すべて氷になり、さらに冷やされています。

# 46 水の3つのすがた (p.48)

**1** 水のすがたの変化をまとめました。下の図を見て、次の問いに答えよう。

水 → 水 → 水じょう気
① 固体　② えき体　③ 気体

(1) 図の⑦、⑦は、水のすがたをどのようにすることを表しているかな。
⑦ 氷を( 熱 )して水にする。
⑦ 水じょう気を( 冷や )して水にする。

(2) 水は温度によって、氷、水、水じょう気と、すがたを変えます。水のすがたを表す言葉を、下の ▢ から選んで、図の①～③の ▢ にかこう。

> 固体　えき体　気体

**2** 次の文の▢にあてはまる言葉を答えよう。
(1) 水じょう気や空気のように、目に見えないすがたのことを▢という。　(1) 気体
(2) 水やアルコールのように、よう器によって自由に形を変えられるすがたのことを▢という。　(2) えき体
(3) 氷や鉄のように、かたまりになっていて、自由に形を変えられないすがたのことを▢という。　(3) 固体

> **だいじなまとめ** 水を冷やして0℃になると{ふっとうする・こおる}。また、水を熱して100℃に近づくと{ふっとうする・こおる}。

**考え方** **1** 水は、温度で、すがたを変えます。
氷 ←熱する／冷やす→ 水 ←熱する／冷やす→ 水じょう気
(固体)　　(えき体)　　(気体)

# 47 まとめのテスト (p.49)

**1** 水をわき立たせて、出てきたものを調べました。これについて、次の問いに答えよう。

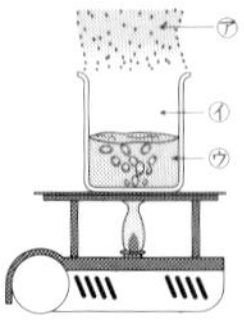

(1) 水がわき立つことを、何というかな。
( ふっとう )

(2) 図の⑦～⑨は、水、湯気、水じょう気のどれかな。( )にそれぞれあてはまる言葉をかこう。
⑦( 湯気 )
⑦( 水じょう気 )
⑨( 水 )

**2** 固体、えき体、気体について、次の問いに答えよう。
(1) 次の図の⑦～⑨は、固体、えき体、気体のどれかな。
⑦ 水じょう気 ←冷やす／熱する→ ⑦ ←冷やす／熱する→ ⑨ 水
( 気体 )　　( えき体 )　　( 固体 )

(2) 次の身の回りのものは、固体、えき体、気体のどれかな。
① 空気、水じょう気 など　( 気体 )
② 鉄、ガラス、氷 など　( 固体 )
③ サラダ油、石油、アルコール など　( えき体 )

**考え方** **1** ⑦は、小さな水のつぶが空気中で冷やされて、目に見えるもので、「湯気」とよばれます。

# 48 地面のかたむきと水の流れ方 (p.50)

**1** 地面を流れる雨水のようすについて、( )にあてはまる言葉を下の ▢ から選んでかこう。
(1) 雨がふると、地面を水が( 流れている )ことがある。また、水が流れずに( たまっている )こともある。
(2) 水が流れているところは、地面が( かたむいている )。地面を流れる水は、( 高い )ところから( 低い )ところに向かって流れる。

> かたむいている　たいらである　たまっている　流れている
> 高い　低い　多い　少ない

**2** 水の流れと地面のかたむきについて、観察をして調べました。次の問いに答えよう。

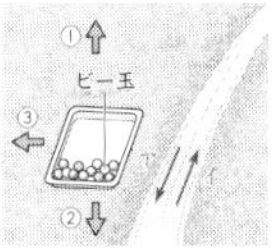

(1) バットにビー玉を入れて、地面に置くと、図のようにビー玉が集まりました。地面が低いのは、①～③のどちらのほうかな。
( ② )

(2) 地面を水が流れる向きは、アの向きとイの向きのどちらかな。
( ア )

> **だいじなまとめ** 地面を流れる( 水 )は、{高い・低い}ところから{高い・低い}ところに向かって流れる。

**考え方** **2** ビー玉が集まっている方向が、地面が低くなっている方向です。地面が低くなっている方向に、水が流れます。

右上につづく ➡

## 49 土のつぶの大きさと水のしみこみ方 (p. 51)

**1** 地面を流れた水について、( )にあてはまる言葉を下の[ ]から選んで答えよう。

(1) 地面を流れる水は、( 高い )ところから( 低い )ところに流れる。

(2) 地面の低いところに流れた水が、水たまりになって

( たまっている )ところと、

( なくなっている )ところがある。これは水のしみこみ方が、土のつぶの( 大きさ )によってちがうからと考えられる。

| | | | | | |
|---|---|---|---|---|---|
| たまっている | 流れている | なくなっている | | | |
| 高い | 低い | 多い | 少ない | 大きさ | 色 |

**2** 下の図のようなそうちを2つつくり、それぞれのそうちに校庭の土、すな場のすなを同じ量だけ入れた後、同じ量の水を注いで、水のしみこみ方にちがいがあるか、実験しました。次の問いに答えよう。 [実験]

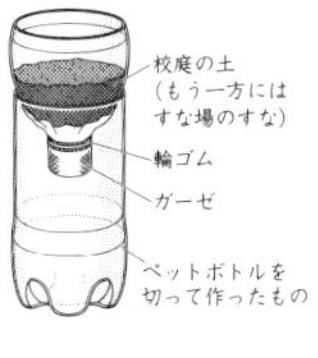

校庭の土
(もう一方にはすな場のすな)
輪ゴム
ガーゼ
ペットボトルを切って作ったもの


(1) 校庭の土のほうが、水がしみこむのに時間がかかりました。水がしみこみやすいのは、校庭の土、すな場のすなのどちらですか。

( すな場のすな )

(2) すな場のすなのほうが、校庭の土より、つぶが大きいです。土のつぶの大きさが大きいほど、土に水がしみこみやすいといえますか。いえませんか。( いえる )

> **だいじなまとめ** 土のつぶの大きさによって、水のしみこみ方にちがいが{[ある]・ない}。土の( つぶ )の大きさが{小さい・[大きい]}ほど、土に水がしみこみやすい。

**考え方** **1** **2** 土のつぶの大きさが大きいほど、土に水がしみこみやすいです。

## 50 まとめのテスト (p. 52)

**1** 雨水のゆくえと地面のようすについて調べました。次の文で、正しいものには○、まちがっているものには×をつけよう。

( ○ )地面を流れる水は、高いところから低いところに向かって流れていた。

( × )水が地面を流れているところを観察すると、地面は水が流れるほうに向かって高くなっていた。

( × )水が地面の高いところに流れてたまっていた。

( × )土のつぶの大きさがちがっても、水のしみこみ方は変わらない。

( ○ )土のつぶの大きさが大きいほうが、土に水がしみこみやすい。

**2** 土の種類と水のしみこみ方について、次の問いに答えよう。

(1) 次の表は、校庭の土とじゃりを使って、水のしみこみ方を調べた結果をまとめたものです。( )に言葉を入れて、表を完成させよう。

| | 校庭の土 | じゃり |
|---|---|---|
| つぶの大きさ | ( 小さい )つぶが多かった。 | ( 大きい )つぶが多かった。 |
| 水のしみこみ方 | しみこむのに時間がかかった。 | しみこむのが速かった。 |

(2) 土の種類と水のしみこみ方について、次の文の( )にあてはまる言葉を答えよう。

土の( つぶ )の大きさが( 大きく )なるほど、土に( 水 )がしみこみやすくなる。

**考え方** **1** **2** 水は、高いところから低いところに向かって流れます。土のつぶの大きさが大きいほうが、水がしみこむ時間が短いです。

## 51 空気中に出ていく水 (p. 53)

**1** 同じ量の水を入れた3つのよう器を、いろいろなところに置きました。2日後の水のようすは、下の図のようでした。これについて、次の問いに答えよう。 [実験]

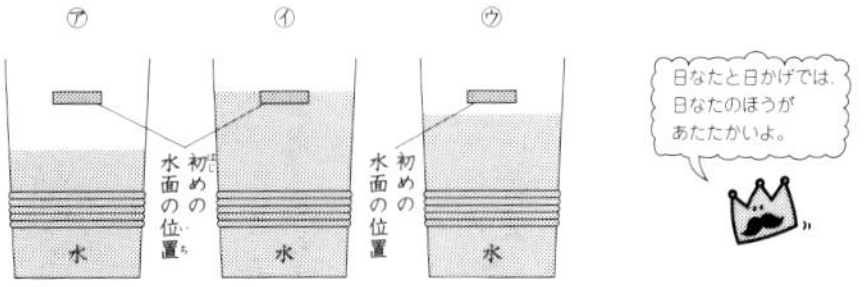

㋐
㋑
㋒
初めの水面の位置
初めの水面の位置
水
水
水
日なたと日かげでは、日なたのほうがあたたかいよ。


(1) 3つのよう器㋐〜㋒は、どこにどのように置いたのかな。次の①〜③からそれぞれ選んで、記号で答えよう。

①( ㋒ )ふたをしないで日かげに置いた。

②( ㋐ )ふたをしないで日なたに置いた。

③( ㋑ )ふたをして日なたに置いた。

(2) 上の実験からわかったことをまとめました。次の文の( )にあてはまる言葉をかこう。

① 水は目に見えないすがたになって、( 空気 )中に出ていく。

② 置く場所があたたかいほうが、水が出ていく量が( 多い )。

**2** 次の文の□にあてはまる言葉を答えよう。

(1) 水は熱しなくても、空気中に□□いく。 (1) 出て

(2) 水が空気中に出ていくことを□□□□という。 (2) じょう発

(3) しめった地面がかわくとき、地面から空気中へ□□□□□が出ている。 (3) 水じょう気

(4) コップにふたをしておくと、中の水はほとんど□□ない。 (4) へら

> **だいじなまとめ** 水が空気中に( 水じょう気 )となって出ていくことを{ふっとう・[じょう発]}という。

**考え方** **1** (1)日なたは、日かげとくらべて温度が高いので、水が空気中に出ていきやすくなります。また、ふたをしたよう器は、水が空気中に出ていくことができません。

## 52 結ろ (p. 54)

**1** 寒い日には、部屋のまどガラスの内側がくもることがあります。このようなことがなぜ起こるのかを調べるため、下のような実験をしました。次の問いに答えよう。 [実験]

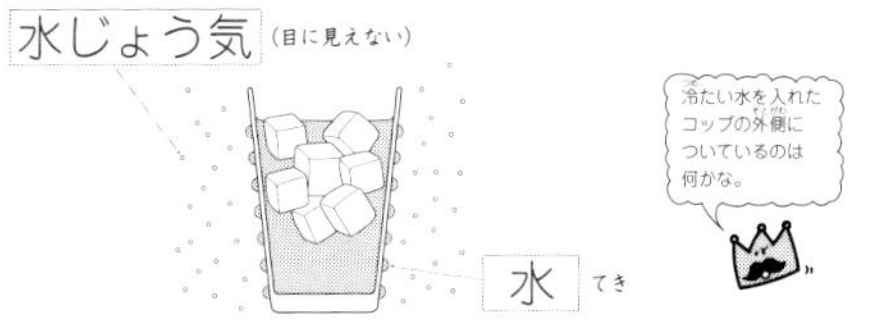

水じょう気 (目に見えない)
水 てき
冷たい水を入れたコップの外側についているのは何かな。


(1) 図の中の[ ]にあてはまる言葉をかこう。

(2) コップの外側に水てきがつくわけを考えました。次の文の( )にあてはまる言葉をかこう。

① 空気中の( 水じょう気 )が、氷水で冷たくなったコップに冷やされて水となり、コップの外側に( つく )からである。

② このようなことを( 結ろ )という。

**2** 次の問いに答えよう。また、□にあてはまる言葉を答えよう。

(1) 水じょう気は、目に見えるかな、見えないかな。 (1) 見えない

(2) 冷たいものに空気中の水じょう気がふれて、水てきがつくことを何というかな。 (2) 結ろ

(3) 水じょう気は、冷やされると□になる。 (3) 水

> **だいじなまとめ** 目に見えない{[水じょう気]・空気}が、氷水で冷えたコップに{あたためられて・[冷やされて]}水となり、コップの外側につく。これを( 結ろ )という。

**考え方** **1** 空気中の水じょう気が、冷たい氷水を入れたコップの外側に、水てきとなってつくことがあります。これを「結ろ」といいます。

右上につづく

## 53 まとめのテスト (p.55)

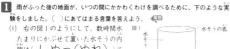

**1** 雨がふった後の地面が、いつの間にかかわくわけを調べるために、下のような実験をしました。(　)にあてはまる言葉を答えよう。

図1

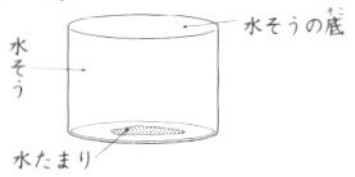


(1) 右の図1のようにして、数時間水たまりにかぶせて置いた水そうの内側は( しめっ(ぬれ) )ている。

(2) 右の図2のように、コップに水を入れて数日間置いておくと、水がへった。へった水は、( 空気 )中に出ていった。

図2

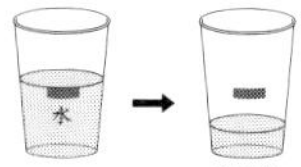


数日後

(3) (1)、(2)のように、水が( 水じょう気 )に変わり、空気中へ出ていくことを( じょう発 )という。

**2** 空気を入れたポリエチレンのふくろを、氷水につけました。これについて、次の問いに答えよう。

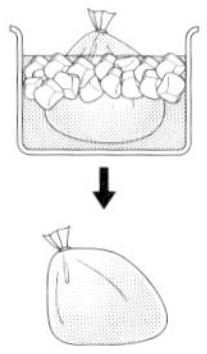

(1) しばらくしてから取り出すと、ふくろの内側に何がついているかな。　( 水 )のつぶ

(2) (1)のようなことが起こるのはなぜかな。正しいものに○をつけよう。

(　　)氷水が、ふくろの中にしみこんだ。
( ○ )ふくろの中の水じょう気が冷やされて、水のつぶになってふくろについた。
(　　)氷水がじょう発して、ふくろに入った。

**考え方** **1** 雨がふった後、地面から少しずつ水がじょう発していきます。

## 54 生き物の1年間の観察 (p.56)

**1** 1年間観察してきたサクラのようすをまとめました。下の図の㋐～㋓にあてはまる言葉を、下の□から選んで答えよう。同じ言葉をくり返して使ってもよいです。

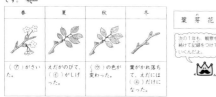

| 春 | 夏 | 秋 | 冬 |
|---|---|---|---|
| 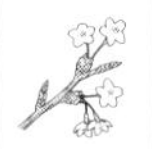 | 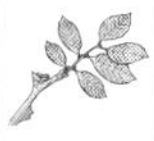 | 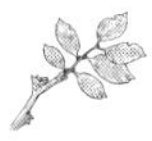 | 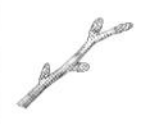 |
| ( ㋐ )がさいた。 | えだがのびて、( ㋑ )がしげった。 | ( ㋒ )の色が変わった。 | 葉がかれ落ちて、えだには( ㋓ )だけになった。 |

葉　芽　花

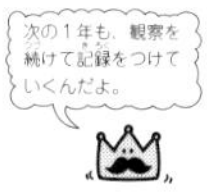


㋐( 花 )　㋑( 葉 )　㋒( 葉 )　㋓( 芽 )

**2** 次の□にあてはまる言葉を、□から選んで答えよう。

(1) 春にくらべて夏は、
①植物が□□く成長する。
②動物の活動が□□になる。

(2) 寒い季節になると、
①植物は実の中に□□を残してかれる。
②動物は活動がにぶくなったり、□□□のじゅんびをしたりする。

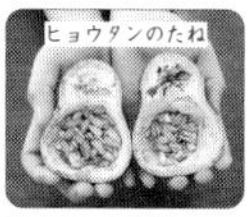


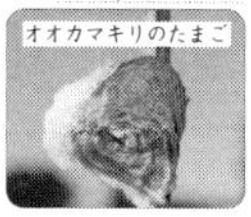


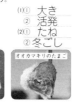

小さ　大き　冬ごし　たね　活発　低調

(1)① 大き
② 活発
(2)① たね
② 冬ごし

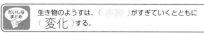

**だいじなまとめ** 生き物のようすは、( 季節 )がすぎていくとともに( 変化 )する。

**考え方** **1** **2** 生き物のようすは、季節とともに変化していきます。

## 55 まとめのテスト (p.57)

**1** 1年間観察した生き物のようすをまとめました。下の図を見て、次の問いに答えよう。

㋐じっとしている。

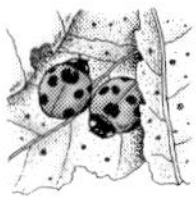

㋑えさを運んでいる。

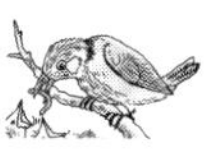

㋒たまごを産んでいる。

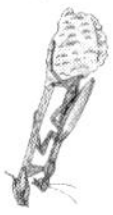

㋓サクラの花のみつをすっている。

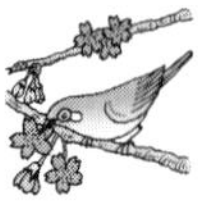

(1) 次の①～④の季節に主に見られるのは、㋐～㋓のどれかな。記号で答えよう。
①春( ㋓ )　②夏( ㋑ )　③秋( ㋒ )　④冬( ㋐ )

(2) 次の生き物は、㋐～㋓のどれかな。記号で答えよう。
ナナホシテントウ( ㋐ )　オオカマキリ( ㋒ )

**2** 1年間、ヒョウタンを観察しました。次の問いに答えよう。

(1) 下の㋐～㋓を、あてはまる季節に記号で答えよう。
春( ㋑ )　夏( ㋓ )　秋( ㋐ )　冬( ㋒ )

㋐

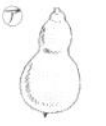

㋑

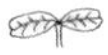

㋒

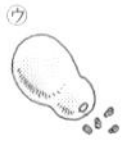

㋓

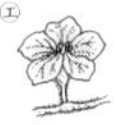

㋐ くきがのびなくなり、実が大きくなった。
㋑ 土にまいたたねから、芽が出てきた。
㋒ 葉もくきもかれて、実の中にたねが残っていた。
㋓ くきがよくのび、葉がふえ、花がさいた。

**考え方** **1** 春から夏になり、気温が高くなるにつれて、活発な活動をする生き物がふえます。秋から冬になり、気温が下がってくると、生き物はあまり活動しなくなります。

右上につづく